Aproximación a las Neuromatemáticas

El Cerebro Matemático

Juan Moisés de la Serna

Editorial Tektime

2019

Prólogo

Mucho se ha hablado de las matemáticas en los últimos años sobre todo en cuanto a la necesidad de una educación aplicada a edades tempranas, por ejemplo en el caso de la economía, como forma de preparar a los menores para su futuro desempeño como ciudadano.

Incluso se han producido mejoras en los procesos de aprendizaje relacionados con la incorporación de nuevas herramientas pedagógicas importadas de otros países.

Pero la mayor revolución se ha producido desde las neurociencias y el avance que ha tenido en los últimos años lo que ha permitido estudiar y comprender el funcionamiento del cerebro mientras desarrolla funciones como las matemáticas.

De ahí la necesidad de contar con obras actualizadas que aborden las distintas temáticas relacionado con el campo de las neurociencias y las matemáticas.

Un libro accesible para todos los que quieran profundizar en el conocimiento del cerebro, y cómo aprovechar su potencial en cuanto a la educación matemática se refiere.

Dedicado a mis padres

Contenido

1. INTRODUCCIÓN A LA NEUROMATEMÁTICA

Cuando uno piensa en un genio matemático lo suele hacer de alguien especialmente dotado, capaz de resolver casi cualquier problema, y al que apenas le cuesta encontrar las soluciones. En este texto se abordará el concepto de inteligencia matemática, prestando especial atención al cerebro, y cómo este va a facilitar la labor de la formación en el área de las matemáticas. Todo ello basado en los principios del aprendizaje y en el desarrollo de las habilidades cognitivas necesarias para las matemáticas.

Hablar de genialidad es hacerlo de alguien especialmente dotado para una o varias áreas, ya sea para la música, la pintura o las matemáticas. Si bien la sociedad reconoce a algunos genios por sus obras y producciones, en ocasiones los avances de determinadas áreas no son suficientemente admirados como en el caso de las matemáticas. Cautivarse al ver un cuadro o al escuchar una partitura realizada por un genio, es relativamente fácil y provoca en el espectador cierta sensación de pequeñez, pero cuando se trata de las matemáticas genera desconcierto y falta de entendimiento.

Si le preguntamos a cualquier persona por el nombre de genios, seguramente será capaz de mencionar a más de un personaje histórico, así en el caso de la pintura, puede que señale a Manet, Rubens, Van Gogh, Picasso,...; en la filosofía, Aristóteles, Sócrates, Descartes,...; en la música Mozart, Beethoven, Verdi,...; pero ¿y si esa misma pregunta se le realiza sobre las matemáticas?, ¿cuántos matemáticos famosos sería capaz de recordar?, seguro que mencionaría a Einstein, y puede que a Newton, incluso recuerde a Pitágoras, pero pocos más será capaz de indicar.

Pero este libro no quiere quedarse únicamente en la descripción de lo que hace diferente a un genio matemático con respecto a los demás, sino que va un poco más allá, aproximándose desde las neurociencias a esta temática, es decir descubriendo cómo funciona el cerebro cuando se ha de enfrentar a una tarea matemática.

Si bien el estudio del cerebro no es reciente, en los últimos años se ha producido una gran acumulación de información sobre este órgano y su funcionamiento, gracias al avance de la técnica, especialmente de las no invasivas, que permiten comprobar cómo opera el cerebro mientras se están realizando algunas actividades, en el caso que nos ocupa en este libro, mientras se resuelven tareas matemáticas.

Un pequeño inciso para realizar una distinción entre técnicas invasivas y no invasivas, la primera hace referencia a aquellas técnicas que requieren una manipulación directa del cerebro, y que suelen conllevar operaciones quirúrgicas o implantes neuronales entre otros; en cambio, las técnicas no invasivas son aquellas que nos permiten saber sobre el cerebro y su funcionamiento desde el exterior, gracias a procesos de inferencia, precisamente basado en cálculos matemáticos.

Así las técnicas no invasivas más empleadas y conocidas son las referentes al EEG (ElectroEncefaloGrama) que recoge la información del cuero cabelludo y a partir de ahí se infiere cómo está funcionando el cerebro; el TAC (Tomografía Axial Computarizada) que permite obtener imágenes mediante rayos X; o la RMf (Resonancia Magnética Funcional) donde se emplean radiofrecuencias y un potente imán para observar al cerebro trabajando. Todas estas técnicas empleadas de forma individualizada o en combinación, nos permiten observar qué centros neuronales se están activando, lo que indica la parte del cerebro que está interviniendo ante una determinada tarea, y no ante otra.

Esto, junto con los aportes teóricos posibilita conocer cómo funciona el cerebro, ante las distintas tareas a las que se enfrenta la persona, en el caso del interés del libro, ante tareas matemáticas. Pero la relación de las neurociencias y las matemáticas no sólo van en el sentido de conocer qué estructuras participan en una tarea matemática u otra, sino que se han hecho importantes aportaciones matemáticas para desentrañar el cerebro, como en el caso del Alzheimer, una enfermedad crónica y neurodegenerativa, sabiendo que mucho se ha avanzado en los últimos años en cuanto a la identificación de biomarcadores, es decir, índices que están presentes cuando se diagnostica la enfermedad de Alzheimer y que sirven para buscar pistas de cómo se va produciendo este avance.

La aproximación tradicional busca encontrar el factor más destacado de esta progresión, para que, una vez identificado se pueda intervenir sobre el mismo para detener sus consecuencias sobre el cerebro. Hasta ahora ha existido multitud de biomarcadores detectados, algunos relacionados con la edad, ya que el Alzheimer se suele producir a edades muy avanzadas; y otras exclusivas del Alzheimer, pero que por sí sólo no explica la progresión de la enfermedad, entonces ¿se puede predecir matemáticamente el avance del Alzheimer?

Esto es lo que ha tratado de responderse mediante una investigación realizada desde el Departamento de Informática Biomédica, Universidad de Tesalia (Grecia); junto con la Fundación Educativa Comunitaria Novela Global y Enzymoics (Australia); el Centro de Investigación Biomédica (EE.UU.); y la Unidad de Metabolómica y Enzimología, Grupo de Biología Fundamental y Aplicada,

Centro de Investigación Médica Rey Fahd, Universidad Rey Abdulaziz (Arabia Saudita) (Alexiou, Mantzavinos, Greig, & Kamal, 2017) .

En este estudio no se contemplaron a los participantes en sí, pues se trata de una aproximación matemática basada en la estadística bayesiana, sobre los distintos biomarcadores que actualmente se conocen que tienen un papel destacable en el avance de la enfermedad de Alzheimer. La idea es asumir que todos los biomarcadores que hasta ahora se han descubierto reflejado en la literatura científica, tienen su papel en el avance del Alzheimer, pero con una importancia diferencial, esto es, puede que haya unos biomarcadores más relevantes para el avance, mientras que otros a pesar de tener presencia, no es tan destacable su papel. Para ello se han adoptado ocho posibles situaciones en la enfermedad de Alzheimer (xxx), siguiendo la revisión de Abbott y Folgan (2016).

- Enfermedad de Alzheimer en su fase Prodrómica: con síntomas clínicos, trastornos de la memoria, pérdida de volumen del hipocampo y biomarcadores del fluido cerebroespinal que conducen a la patología de la Enfermedad de Alzheimer.

- Enfermedad de Alzheimer con demencia: donde se ve afectada la función social, con dificultad a la hora de realizar las actividades complejas de la vida cotidiana. Es un estado límite entre los cambios de memoria y factores más cognitivos.

- Enfermedad de Alzheimer Típica: con pérdida progresiva de la memoria, con trastornos cognitivos y modificaciones neuropsiquiátricas.

- Enfermedad de Alzheimer Atípica: con afasia progresiva, afasia logopénica, morfología frontal de la Enfermedad de Alzheimer y atrofia cortical en la sección posterior; donde destacan los biomarcadores amiloidosis en el cerebro o del fluido cerebroespinal.

- Enfermedad de Alzheimer Mixta: cuya incidencia cursa con los requisitos diagnósticos de la Enfermedad de Alzheimer junto con otros trastornos tales como una enfermedad cerebrovascular o la enfermedad de cuerpos de Lewy.

- Estados preclínicos de la Enfermedad de Alzheimer: en donde existe evidencia de amiloidosis in vivo del cerebro, o individuos cuyas familias tienen la mutación autosómica dominante de la Enfermedad de Alzheimer.

- Alzheimer patológico: con presencia de placas seniles y ovillos neurofibrilares, con pérdida de las sinapsis neuronales, y defectos amiloides en la corteza vascular cerebral.

- Deterioro cognitivo leve, donde no existe un carácter biológico clínico, aunque hay sintomatología medible. Esas personas pueden sufrir de Enfermedad de Alzheimer, pero no hay evidencia que lo diferencie del envejecimiento normal.

Una vez identificadas las distintas formas en que se puede expresar la enfermedad de Alzheimer, se recogieron todos los biomarcadores que hasta ahora se conocen, en concreto se analizaron hasta 30 diferentes, en los que se incluía la presencia de otros trastornos como los cuerpos de Lewy, Hipertensión, Diabetes o Depresión entre otros. Además de ciertos factores que se ha comprobado que correlacionan con ello como por ejemplo la obesidad, la inflamación, el fumar tabaco...

De cada uno de estos 30 biomarcadores se estableció el porcentaje de su presencia en la enfermedad de Alzheimer y se realizó un diseño matemático donde se buscaba un modelo predictivo válido. Los resultados informan que no existe un modelo único y válido para todos los casos, teniendo que ser separados estos en función del tipo de Alzheimer; así la presencia de depresión, obesidad o el consumo de tabaco explican hasta el 46% de la fase promódica y mixta de la enfermedad de Alzheimer.

Ante la presencia de alteraciones en las actividades de la vida diaria, se tiene un 99% de sufrir Deterioro cognitivo leve; y por encima del 50% de sufrir la Enfermedad de Alzheimer a excepción de la Atípica y la Patológica. En el caso de las alteraciones en Ab, Tau APP, APOE4 y desórdenes vasculares se tiene un 100% de sufrir la Enfermedad de Alzheimer a excepción de la Atípica, la Patológica y el Deterioro cognitivo leve.

Entre las limitaciones del estudio está que no se ha llevado a cabo ninguna prueba con pacientes para corroborar sus resultados, más allá de constatar lo que se recoge en la bibliografía científica. Igualmente, que se produzca la presencia de variables a la vez no indica que todas sean necesarias, ni causas ya que alguna puede ser origen de otra, por lo que no resulta un modelo viable sin reducir el número de variables incluidas en el mismo.

A pesar de ello supone un gran avance en cuanto a tener una idea global de los biomarcadores, no limitándose a identificar uno u otro, como muchos estudios hacen. Todo para mejorar el diagnóstico de la enfermedad, procurando que este se pueda obtener lo antes posible para con ello iniciar el tratamiento preceptivo y evitar el avance del Alzheimer, gracias al empleo de desarrollos matemáticos.

Pero si bien se conoce mucho sobre el cerebro lingüístico e incluso el cerebro emocional, no se ha otorgado la misma atención al cerebro matemático, al menos en cuanto a conocimiento popular se refiere. Seguramente habrá oído eso de que las mujeres están especialmente dotadas para el lenguaje frente a los hombres, e incluso puede que le suene de haberlo escuchado, el área de Broca o el área de Wernicke como centros del procesamiento lingüístico, e incluso puede que conozca algunas patologías relacionadas como la tartamudez o las afasias. En el caso de la emoción, en los últimos años se ha popularizado el término de inteligencia emocional, aunque este no suele estar acompañado de un conocimiento sobre sus bases neuronales, entendiéndose que cualquiera, siguiendo ciertas técnicas puede desarrollar esta inteligencia, independientemente de su capacidad neuronal, pero ¿qué pasa con el cerebro matemático?

A pesar de poderse considerar un gran desconocido, todos nacemos con un cerebro especialmente dotado para el procesamiento de las matemáticas tal y como se presentará en esta obra, estando en la base de la diferencia entre el genio y cualquiera de nosotros, que desde pequeño el primero se ha dedicado a su "cultivo".

Al igual que sucede con un músculo, el cerebro responde al "ejercicio" constante ante una determinada tarea, así si le dedicamos ocho horas para ser un buen pintor, aunque en principio no tengamos muchas facultades para ello, la práctica nos hará mejorar en nuestro desempeño, e igual sucederá si dedicamos ese tiempo a jugar al tenis, donde iremos perfeccionando la técnica a la vez que mejoramos en nuestro juego.

Las matemáticas por su parte no podrían ser diferentes, así que, como cualquier otra capacidad, entrenarlo desde la infancia, de forma mantenida y constante durante un elevado número de horas va a permitir un desempeño superior a cualquier otra persona que no tiene dicho entrenamiento, y por tanto su ejecución será cuanto menos sorprendente en la adolescencia y la vida adulta. Esta es una postura contraria a la de alguna perspectiva educativa actual, donde se propicia que el pequeño explore distintas áreas sin límites y sobre todo sin esfuerzo, para que de alguna forma sea el menor quien elija lo que quiere para su futuro según lo que más le llama la atención o le gusta en ese momento. Sea como fuere el descubrimiento de la tendencia hacia las matemáticas, por imposición de los progenitores, por autodescubrimiento, o porque así lo ha sugerido el centro educativo al obtener elevadas puntuaciones en algunos de las pruebas que periódicamente se les pasa a los menores para conocer su nivel de desarrollo, sea como fuere, el paso siguiente es el entrenamiento para alcanzar su máximo potencial y para ello también interviene la neurociencia, y todo ello se inicia por conocer cómo funciona el cerebro.

En una primera acepción el término de neuromatemáticas se ha empleado para determinar aquella rama de la ciencia encargada de estudiar y analizar el cerebro y su actividad usando para ello métodos matemáticos (Almira & Aguilar Domingo, 2016); en cambio en esta obra se presenta una acepción diferente, entendiendo que la neuromatemática se encarga del estudio y análisis del funcionamiento neuronal ante las distintas tareas de las matemáticas, ya sean estas simples o complejas, y de la que existe un escaso desarrollo en algunos países, pero que poco a poco va adquiriendo importancia, ya no sólo por la novedosa perspectiva que ofrece sobre la comprensión del cerebro, si no por las posibilidades de desarrollo de nuevas técnicas de aprendizaje aplicable a distintos niveles educativos; pero aparte del enorme beneficio que puede suponer la mejora del proceso de aprendizaje a los alumnos, quizás el campo más emocionante es el de estudiar el cerebro de los genios matemáticos, pero ¿dónde están estos?

A diferencia de los grandes músicos o artistas que se pueden encontrar en las revistas de actualidad, o incluso acudiendo a algún evento benéfico organizado para ciertas causas solidarias, pero ¿dónde se pueden encontrar los genios matemáticos?

Puede que, en las grandes empresas como Google en puesto de matemáticos o ingenieros, aunque si les preguntamos a ellos, quizás no se consideren a sí mismos genios, si no uno más del personal, tal y como la sucedía a

Dª Margaret Hamilton, matemática e ingeniera de software de la NASA quien desarrolló los cálculos necesarios para llegar a la luna.

Aunque seguramente el lector recordará que a principios de diciembre anualmente se conceden los Premios Nóveles a diversas áreas tanto científicas como no científicas, donde se destaca la labor de ese año de una determinada persona o grupo de ellos. Pero, aunque entre los galardonados se puede encontrar algún matemático, no existe un premio para esta categoría como tal, sólo a las áreas de física, química, economía, medicina, literatura y paz. En cambio, los matemáticos más destacados pueden aspirar a una de las cuatro medallas Fields que se conceden cada 4 años a los menores de 40 años, equivalentes a los nóveles. Teniendo en cuenta que se podría entender que estos premiados estarían próximos a ser genios de las matemáticas, sobre todo porque deben de destacar en este campo con una edad inferior a los cuarenta años.

LAS ESTRUCTURAS DEL CEREBRO

Para poder entender el funcionamiento del cerebro cuando está realizando alguna operación matemática más o menos compleja, lo primero que hay que comprender es qué es el cerebro, de qué partes se compone y cómo funciona. Esta es la parte más ardua para cualquier matemático que quiera aproximarse a las neurociencias, pero por ello se va a tratar de presentar de forma somera y sencilla sin entrar en demasiadas profundidades, pero con la suficiente información para comprender la complejidad de este órgano.

Lo primero que hay que indicar y explicar es que existen términos que se usan coloquialmente de forma similar pero que anatómicamente no lo son, así se suele hablar de la cabeza, el cerebro o el encéfalo indistintamente, que para cualquier otro ámbito es adecuado y correcto, pero dentro de las neurociencias es necesario distinguirlo. El encéfalo se divide en el tronco encefálico, el cerebelo, el diencéfalo y el cerebro.

a) El tronco encefálico consta de tres partes, bulbo raquídeo (donde se regulan funciones como la respiratoria, el diámetro vascular y los latidos cardíacos; además del hipo, la tos o el vómito); protuberancia (participa en la regulación de la respiración); y mesencéfalo (contiene la sustancia negra, y participa de la regulación de la actividad muscular). Del tronco salen 10 pares craneales que inervan estructuras de la cabeza. La formación reticular por su parte mantiene la atención y el estado de alerta.

b) El cerebelo, es el encargado de la coordinación motora fina y gruesa, además de participar en la postura, el equilibrio y el tono muscular.

c) El diencéfalo, se divide en tálamo (encargado de la integración de información, la conciencia, el aprendizaje, el control emocional y la memoria) e hipotálamo (regula el comportamiento y las emociones, la temperatura corporal, la sed y el hambre, los ciclos circadianos y estados de conciencia, la secreción hormonal de la hipófisis y la regulación del sistema nervioso autónomo).

d) El cerebro, donde se desarrollan las funciones cognitivas, decisiones conscientes, aprendizajes relacionales, o el lenguaje entre otras muchas.

Una vez presentada las distintas partes hay que aclarar que todo ello pertenece a lo que se conoce como sistema nervioso, cuyo desarrollo se inicia en el vientre materno, y en el momento del nacimiento todavía no está terminado de formar, requiriendo de años para que llegue al estado de adulto.

El sistema nervioso se desarrolla a partir del tubo neuronal donde sobre la cuarta semana de gestación, se divide en 3 vesículas del encéfalo, el romboencéfalo, el mesencéfalo y el prosencéfalo. A las 5 semanas de gestación ya se conforman las 5 vesículas de donde se desarrollarán el encéfalo, dividiéndose el romboencéfalo en metencéfalo (protuberancia y cerebelo) y mielencéfalo (médula oblonga o bulbo); el mesencéfalo dará lugar al pedúnculo cerebral y a cuatro colículos, dos superiores relacionados con la visión y dos inferiores con la audición; el prosencéfalo se dividirá en dos, el diencéfalo (tálamo, hipotálamo, subtálamo, epitálamo y tercer ventrículo) y el telencéfalo (hemisferios cerebrales).

A pesar de que el cerebro no termina de desarrollarse dentro del vientre materno, se ha comprobado cómo el bebé es capaz de captar diferencias estimulares, tanto visuales como auditivas, y a través de estas se le puede "enseñar", pero hay que entender lo limitado del proceso, debido a que los circuitos neuronales no están consolidados, a pesar de lo cual, se han observado cambios en la actividad eléctrica cerebral en neonatos, ante determinados estímulos presentados mientras se estaba en el vientre materno, al comparar bebés expuestos, frente a no expuestos a cierta estimulación, mostrando así el aprendizaje.

Una vez explicada las partes del encéfalo y su diferenciación del cerebro, hay que realizar la distinción con respecto al término coloquialmente empleado de la cabeza, que vendría a referirse al contenedor del encéfalo, es decir, este se encuentra protegido por los huesos del cráneo y por las meninges (duramadre, aracnoides y piamadre) flotando en el líquido cerebro-espinal. Igualmente cabe realizar la siguiente distinción:

a) la sustancia gris (corteza cerebral), formada por cuerpos neuronales y dendritas, en donde se produce la integración de la información y las funciones cognitivas superiores, y adquiere forma de núcleos, corteza y formación reticular.

b) la sustancia blanca, formada por fibras nerviosas mielínicas que interconectan distintas áreas neuronales adquiriendo la forma de tractos, fascículos y comisuras

c) los núcleos estriados, dentro de la sustancia blanca.

Anatómicamente la corteza cerebral está dividida por el surco central, dejando a un lado el hemisferio derecho y al otro el izquierdo, y bajo ambos se encuentra el diencéfalo, que son estructuras interiores (tálamo, subtálamo, hipotálamo, epitálamo metatálamo y tercer ventrículo) que conecta con el tallo cerebral (mesencéfalo, puente de Varolio y el bulbo raquídeo). Los hemisferios por su parte pueden dividirse en lóbulo frontal (situado en la parte frontal del cerebro), lóbulo parietal (tras el lóbulo frontal, sobre el lóbulo temporal y delante del lóbulo occipital), lóbulo temporal (bajo el lóbulo occipital) y lóbulo occipital (situado en la parte posterior del cerebro). En cada uno de estos lóbulos se pueden identificar diferentes funciones, pero para este texto se resaltarán aquellas relacionadas con las matemáticas, así en:

-El lóbulo frontal es donde se recibe "toda" la información, se procesa y responde a partir de ahí, y está asociado a las funciones ejecutivas, esto es, a la capacidad de organización, toma de decisiones y supervisión de estas, implicado con el rendimiento académico en habilidades como el cálculo mental rápido, conceptualización abstracta, y operaciones matemáticas de alta complejidad.

-El lóbulo parietal, que es el centro de la información sensitiva, tiene un papel destacado en el lenguaje, y su lesión puede provocar dificultades en el lenguaje, el movimiento, y las matemáticas, denominándose en este último caso como discalculia. En concreto el lóbulo parietal izquierda está relacionado con los cálculos numéricos, de forma que quienes lo tienen dañado no pueden reconocer los dígitos aritméticos y tienen dificultades para realizar cálculos elementales.

-El lóbulo temporal, implicado en los procesos del lenguaje relacionados con el procesamiento auditivo, igualmente participa de los procesos de consolidación de memorias a largo plazo, por tanto, es esencial para la memoria de series de números, así como para el lenguaje subvocal durante la resolución de problemas matemáticos.

-El lóbulo occipital, en donde se encuentra el centro de procesamiento visual, donde llega toda la información percibida por la vista a través de los nervios ópticos, siendo esencial para la discriminación de símbolos matemáticos escritos.

Con respecto a las localizaciones de los aspectos como la atención, el lenguaje o la memoria, hay que indicar que existen distintas estructuras implicadas en cada una de ella, produciendo la lesión de uno de los lóbulos la pérdida total o parcial de dicha función. Abandonando así definitivamente la teoría localizacionista que rigió durante décadas el estudio de la neurociencia, donde se trataba de asignar a cada región del cerebro una determinada función psicológica, de forma que la lesión de la misma impedía a la persona el desempeño de dicha función. Un ejemplo de localizacionismo fue la frenología, donde "interpretaba" la forma de la cabeza o cada "saliente o entrante" del cráneo como que la persona tenía una mayor o menor capacidad de uno u otro tipo.

Actualmente se conoce que existe cierta especialización localizada, pero que cuando las regiones que "tradicionalmente" realizan dicho procesamiento, por cualquier motivo no funcionan adecuadamente, se suele encargar de las mismas las regiones anexas. Por lo que se puede afirmar que las funciones cognitivas están distribuidas en el cerebro, y aunque existen centros especializados de procesamiento de determinada información, ya sean auditivas, visuales, propioceptivas… todo ello luego va a distribuirse para constituir las huellas de memoria.

Una vez conocidas las estructuras y funciones del cerebro hay que comentar que con anterioridad y teniendo en cuenta las limitaciones propias de la época, esta ciencia se inició con el estudio de casos post-mortem, donde se analizaban las estructuras visibles dañadas de personas que en vida mostraban algún tipo de deficiencia o problema cognitivo o comportamental. Así uno de los casos más reconocidos en la historia de las neurociencias es el de Phineas Gage (Damasio, 2018), quien sufrió un accidente laboral en una mina donde trabajaba, con tan mala suerte que una de las barras le atravesó el cráneo, a partir de entonces, su comportamiento cambió siendo errático, imprevisible e incluso temerario.

El estudio post-morten permitió conocer las áreas afectadas, en concreto el lóbulo frontal izquierdo, lo que posibilitó establecer las primeras hipótesis sobre el papel del lóbulo frontal en el control de los impulsos y el juicio, así como deducir su papel destacado en la planificación, coordinación, ejecución y supervisión de conductas.

Actualmente el avance de las técnicas permite observar el cerebro trabajando en vivo ante determinadas tareas, lo que ha posibilitado conocer no sólo las áreas cerebrales implicadas, sino también las vías de comunicación entre áreas corticales y subcorticales de determinados procesos, ya sean de tipo más fisiológicos o cognitivos, lo que aplicado al ámbito médico, permite comparar el cerebro de los pacientes, con el "normal" y así determinar en qué punto del mismo se encuentra el "problema" en cada caso, especialmente importante a la hora de la intervención quirúrgica, cuando el resto de los tratamientos no tienen la eficacia esperada para su resolución.

Hoy en día el conocimiento científico se obtiene con técnicas como la resonancia magnética funcional o el electroencefalograma, es decir, técnicas no invasivas que informan sobre qué está sucediendo dentro de la cabeza, pero sin necesidad de "abrir" o "esperar" a realizar análisis post-morten. En el caso que nos ocupa en este libro existen referencias en la bibliografía científica de lesiones relacionadas con las matemáticas desde 1908, donde se reporta por primera vez la alteración del cálculo; siendo en 1919 cuando se empleó por primera ver el término de acalculia, iniciándose desde entonces una rama de las neurociencias orientada al conocimiento de la relación de los procesos matemáticos con otros procesos cognitivos, todo ello sustentado en el conocimiento del cerebro (Vargas Vargas, 2016).

La Relación entre Cerebro y Matemáticas

Hablar de números es hacerlo de las unidades básicas que van a componerse con posterioridad en un "lenguaje" matemático con el cual podemos comunicarnos, pero también es una forma de entender y manipular la realidad que nos rodea, así se puede considerar que las nociones de números y de las cantidades que estos representan surgen a partir de su denominación con el lenguaje. Por tanto los números serían el equivalente a las letras, y las fórmulas, las palabras, pudiéndonos con ello comunicar pensamientos e ideas tanto o más complejas que con el lenguaje (Gelman & Butterworth, 2005). Nada más que hay que fijarse en la fórmula de la de la relatividad, la cual se tardó años en desarrollar y demostrar, y que actualmente está de absoluta vigencia a pesar de los años transcurridos desde que se enunció por primera vez.

Anteriormente la concepción de uno mismo frente a los demás, o de pocos frente a muchos era suficiente para establecer las diferencias básicas para la convivencia, pero a partir de que surgen los números se pueden "dividir" los elementos en unidades, contarlos e identificarlos, lo que permite el desarrollo de las matemáticas más sencillas con la suma y resta de elementos, y todo ello gracias a las etiquetas verbales. Los números por tanto no tienen importancia tanto por la denominación en sí mismo como por el concepto de cantidad que lleva asociada, la cual cumple una serie de características lo que permiten aplicar operaciones y funciones sobre los mismos.

Aspecto que supone un gran salto evolutivo en el desarrollo de las sociedades, en donde es capaz de contar, fraccionar o adicionar cantidades, como la aritmética que ya se empleaba en tiempos de los egipcios y que con el tiempo fue incrementándose en complejidad. Tal es la importancia de los números en nuestras vidas que se ha establecido que su formación sea obligatoria durante la etapa formativa en el sistema educativo, ocupando buena parte de los años que el alumno permanece estudiando. La complejidad del campo de los números ha sido tal que se ha convertido en materia de estudio en la universidad, creándose carreras específicas al respecto, ya sea la de matemáticas, como de su aplicación en distintos ámbitos como la estadística o la economía entre otras.

A pesar de lo anterior, no todo proceso matemático va a implicar uno lingüístico, aspecto que ha sido evidenciado gracias a la investigación con personas con lesiones cerebrales o de aquellas que muestran otros problemas relacionados con el habla como en el caso de la afasia, manteniéndose intactas las habilidades matemáticas. Con respecto a la lateralidad de las funciones, durante los años

80 se retoma la perspectiva desde la dominancia hemisférica, que da cuenta de un mayor desarrollo de uno de los hemisferios, en detrimento del otro, debido a las exigencias sociales, así se considera que los occidentales desarrollan más el hemisferio izquierdo, dando prioridad así al pensamiento científico, matemático y lógico en detrimento del hemisferio derecho, desatendiendo la educación sobre la creatividad y lo artístico.

Actualmente se conoce que el hemisferio izquierdo, se encarga del reconocimiento de grupos de letras que forman palabras, y grupos de palabras que forman frases, tanto en el lenguaje hablado como escrito; igualmente está implicado en la numeración, las matemáticas y la lógica.

Con respecto al procesamiento del lenguaje, cada hemisferio está especializado en un aspecto diferente, así el hemisferio izquierdo interviene en el reconocimiento de patrones lingüísticos y matemáticos; mientras que el hemisferio derecho participa, en cierto grado del nivel de comprensión verbal.

Cuando el que se ve afectado, es el lóbulo parietal, que es el centro de la información sensitiva, con un papel destacado en el lenguaje, se va a producir la aparición de la discalculia (problemas con las matemáticas), dislexia (problemas con el lenguaje), afasia (problemas con la pronunciación), apraxia (problemas de movimiento), agnosia (problemas de reconocimiento). Pero las matemáticas por su parte son mucho más que números y cantidades, ya que suponen una elaboración de estos. Esta materia se va a ir enseñando desde lo básico, la aritmética (propiedades los números, cálculo numérico, operaciones numéricas), el álgebra (con las variables, ecuaciones, cálculo, planteamiento de hipótesis y predicciones todo ello basado en el lenguaje algebraico), la geometría (ya sea euclidiana trigonometría, o analítica, ligada a la física), la probabilidad y estadística (con finalidades tanto descriptivas como de predicción) y el cálculo diferencial e integral (sobre fenómenos que cambian en el tiempo como en la economía).

El cerebro está especialmente diseñado para recoger y analizar la información externa e interna, procesarla y emitir una respuesta, iniciado por los sentidos, gracias a los receptores que transmiten la información al cerebro una vez que estos superan el filtro atencional. Información que es distribuida y analizada por separada para luego ser integrada y comparada con las huellas de memoria existentes y con ello generar nuevo conocimiento. Luego la información recibida ha de ser "convertida" en percepción, para lo cual requiere de cierto nivel de conciencia y atención, aspecto que sirve de filtro inicial para "desatender" y "olvidar" aquella información redundante e irrelevante.

A pesar de lo anterior se ha podido comprobar cómo algunas sensaciones tienen mecanismos propios de atención, pudiéndose hablar de atención visual, atención auditiva... así la atención visual va a conllevar movimientos de orientación y de búsqueda de "fuentes" del origen de la estimulación involucrando la región superior e inferior del lóbulo parietal, las áreas frontales de la visión y subcorticales como el colículo superior, el núcleo pulvinar y el reticular del tálamo. Pero incluso se ha comprobado que para determinadas materias también se encuentra mecanismos especializados como en el caso de la atención matemática, en donde interviene el sistema bilateral parietal posterior-superior que permite la orientación espacial y no espacial en el sistema de representación mental de las cantidades. Por tanto, se puede afirmar que el cerebro está preparado para atender a las matemáticas y con ello iniciar el proceso de desglose y análisis de dicha información.

Son varias las teorías que han tratado de dar cuenta sobre la relación entre las matemáticas y el cerebro, así desde la aproximación de los cuadrantes cerebrales, donde separa en función de la relación entre la corteza (izquierda y derecha) y el sistema límbico (izquierda y derecha) dando así origen a una persona con mayor dominancia de:

- cortical derecho, sería más intuitivo, integrador, espacial e imaginativo, decantándose por la innovación, la creatividad y la investigación.

- cortical izquierdo, sería más lógico, crítico, analítico y realista, decantándose por la resolución de problemas, las matemáticas y las finanzas.

- límbico derecho, sería más comunicativo, musical, empático y expresivo, decantándose por el contacto humano, la enseñanza y la expresión oral y escrita.

- límbico izquierdo, sería más secuencial, detallista, administrador y planificador, decantándose por la administración y gestión, siendo un buen orador y trabajador.

La persona con predisposición a la matemática sería aquella que tuviese una dominancia cortical izquierda, lo que le facilitaría esta labor, y permitiría un mayor y mejor desarrollo profesional en áreas relacionadas con los números. Pero si bien se puede conocer que existe estas dominancias, las mismas se pueden considerar parte del desarrollo de la cultura y la práctica, lo que, gracias a la neuroplasticidad va a posibilitar que haya personas mejor preparadas que otras para las tareas matemáticas, así si ponemos a dos individuos frente a un problema matemático, uno de carrera de letras, y otro de carrera de ciencias, se esperaría que la segunda, dispusiese de una mayor red de conexiones neuronales, que le facilitase el consumo de recursos, a la hora de realizar cálculos matemáticos, y por tanto, al final pudiese dar mucho antes la respuesta correcta, en la resolución del problema planteado, frente a la otra, que tiene vías y neuronas desarrolladas para las letras.

Por tanto, se puede hablar de un cerebro matemático, o al menos una predisposición hacia las matemáticas en el cerebro para aquellos que lo han trabajado desde la infancia, al igual que para otras áreas cuando así lo desarrollen, gracias a la didáctica y la educación que se recibe desde pequeño y que va a acompañar a buena parte del estudiante que va progresivamente aumentando en dificultad de las asignaturas relacionadas con las matemáticas ya sea cuantitativa y cualitativamente. Todo ello va a ir conformando el pensamiento abstracto matemático, basto en habilidades memorísticas, de lectura, atencionales, metacognitivas y de autorregulación, que van a permitir el desarrollo de todo el potencial en esta área.

Pero las neurociencias no solo nos dan cuenta de cuando el cerebro funciona de forma provechosa en cuanto a las matemáticas se refiere sino también cuando se presentan problemas como en el caso de la acalculia, identificado por primera vez por Lewandowski y Stadelman en1908 que da cuenta de las alteraciones semánticas sobre cantidades, déficit en la comprensión y expresión de números y problemas en los cálculos matemáticos. Cuando la acalculia además va acompañada de desorientación derecha-izquierda, agrafia y agnosia digital se denomina síndrome de Gerstmann, viéndose afectado el aprendizaje de las matemáticas básicas, sumar, restar, multiplicar y dividir y no tanto la matemática avanzada como el álgebra, la trigonometría o geometría, sin afectación en ninguna otra área del lenguaje.

Por tanto la información con respecto a la lesión neuronal permite conocer qué áreas cerebrales está implicada en la manipulación del número; con respecto a su representación se han establecido tres tipos arábigo (1, 2, 3...), romano (I, II, III...); verbal ("uno" es español, "one" en inglés, "un" en francés,...) o escrito (cuarenta y cinco; 45;...), pudiendo además ser abstracto (ligado a magnitudes) o cumplir una función nominal, referido a un conocimiento enciclopédico (1492 fecha del descubrimiento de América por Colón). Aspectos que están íntimamente relacionados entre ellos, así un número escrito puede representar una cantidad y a su vez eso ser un conocimiento específico, a pesar de su aparente interconexión los pacientes con afasia, agrafia o alexia han permitido comprender cómo se trata de procesos independientes, al poderse ver afectado suprimido uno de ellos, quedando los demás intactos.

Con respecto a las bases neuronales se ha comprobado cómo la compresión y expresión de número de forma verbal se encuentra en el área del lenguaje, en el hemisferio dominante, normalmente el izquierdo, en el giro angular. Por su parte la representación de los números son procesados en la corteza occipito-temporal ventral media y en el giro fusiforme. Con respecto a la representación abstracta de cantidades, está involucrada de forma bihemisférica los surcos intraparietales.

Siguiendo el modelo del triple código denominado "neuro-funcional" (Dehaene & Cognition, 1995), existen tres instancias en que los números son manipulados mentalmente. Así un imput verbal activa una representación verbal la cual es identificada sus dígitos o con una representación de cantidades, así la palabra "una docena" va a ser traducida como "uno" + "docena". Pero igualmente la lectura de una cifra "1492" va a provocar la identificación de dígitos para luego convertirlo en representación verbal y enunciarlo en palabras mediante un output, para lo cual se requiere de dos actividades o conocimientos fundamentales:

- Manipulación interna de cantidades, que incluye tanto la comprensión numérica (de comparación, proximidad...) como aritmética con elaboración semántica (de resta).

- Conocimiento numérico léxico no cuantitativo, referido a fechas, eventos y otros datos enciclopédicos.

Existiendo una relación de dependencia funcional entre la comprensión numérica y el cálculo. Por tanto, se puede afirmar que más allá de la localización de una estructura neuronal encargada en el procesamiento de los estímulos relacionados con el número, existe toda una red distribuida a nivel neuronal donde se reparten distintas tareas que van a acompañar el análisis de la estimulación, la identificación del estímulo, la asignación de valor y cantidad, y su manipulación. Todo ello antes incluso de poder pronunciar la palabra correspondiente a dicha cantidad.

Pero si una estructura neuronal ha destacado en el manejo de las matemáticas esa ha sido el surco intraparietal cuya morfología (profundidad y longitud) han sido relacionados con déficits en el proceso de subitización en menores con síndrome de Turner así como con los que mostraban discalculia, no resultando significativo con las tareas de conteo o comparación de cantidades (Pérez et al., 2016)

REFERENCIAS

Alexiou, A., Mantzavinos, V. D., Greig, N. H., & Kamal, M. A. (2017). A Bayesian model for the prediction and early diagnosis of Alzheimer's disease. *Frontiers in Aging Neuroscience, 9*(MAR). https://doi.org/10.3389/fnagi.2017.00077

Almira, J. M., & Aguilar Domingo, M. (2016). *Neuromatemáticas : el lenguaje eléctrico del cerebro.* Consejo Superior de Investigaciones Científicas.

Damasio, H. (2018). Phineas Gage: The brain and the behavior. *Revue Neurologique, 174*(10), 738–739. https://doi.org/10.1016/j.neurol.2018.09.005

Dehaene, S., & Cognition, L. C. (1995). Towards an anatomical and functional model of number processing. In *Mathematical.* Retrieved from https://books.google.com/books?hl=es&lr=&id=eK4eg LfRgGkC&oi=fnd&pg=PA83&ots=AG-QTQx2nN&sig=Qkaf1MGkmhJwJasXvtlcufi0gG0

Gelman, R., & Butterworth, B. (2005). Number and language: How are they related? *Trends in Cognitive Sciences, 9*(1), 6–10. https://doi.org/10.1016/j.tics.2004.11.004

Pérez, N. E., Gómez, Y. A., Suárez, R. M., Morales, B. R.,

Cápiro, M. R., Isangue, R. M., … Sosa, M. V. (2016). A Study of Intraparietal Sulcus' Morphometric Properties in Children with Developmental Dyscalculia Exhibiting Significant Subitizing Deficits. *Revista Neuropsicología, Neuropsiquiatría y Neurociencias, 16*, 53–74.

Vargas Vargas, A. R. (2016). Matemáticas y neurociencias: una aproximación al desarrollo del pensamiento matemático desde una perspectiva biológica. *Revista Iberoamericana de Educación Matemática, 36*, 37–46. Retrieved from www.fisem.org/web/union

Aproximación a las Neuromatemáticas: el Cerebro Matematico

2. EL DESARROLLO MATEMÁTICO

Si bien hasta ahora se ha planteado sobre las distintas estructuras neuronales que intervienen en el procesamiento matemático, hay que tener en cuenta que este es un proceso que se va desarrollando con el tiempo, gracias al aprendizaje, de forma que se van incrementando las destrezas y capacidades con la práctica.

A pesar de que algunos teóricos defiendan la aproximación de unas matemáticas innatas o naturales que sirven para identificar diferencias entre cantidades, esto cumplió su función en el inicio de la civilización humana, y con posterioridad la representación de los números, la división de cantidades y la relación de proporción entre ellas, así como el desarrollo propiamente de las matemáticas ha permitido el avance del conocimiento a la vez que se iba haciendo cada vez más compleja la sociedad.

Matemáticas que han quedado plasmadas en todo tipo de cálculos, ya sea en el ámbito del comercio, de la astronomía o de la construcción entre otros, de forma que a medida que ha ido progresando esta ciencia se han ido perfeccionando los sistemas sobre los que estos se basan.

Todo lo cual ha dado como consecuencia el desarrollo de distintos estudios basados en las matemáticas que se transmiten desde los primeros años de la escuela hasta la universidad, incrementándose cada año en complejidad. A pesar de ser una materia obligatoria, hay quien defiende que la cantidad de horas dedicadas es insuficiente, e incluso que en la escuela se deberían de incorporar asignaturas de matemática aplicada, por ejemplo, de economía, que permita al estudiante cuando termine poder desenvolverse en el mundo laboral, al igual que se les enseñan otras competencias orientadas al desarrollo de un currículum profesional o del autoempleo.

Pero todo lo anterior está basado en el aprendizaje y dentro de un sistema formal de enseñanza, de manera que el "experto" que es el docente trata de transmitir su conocimiento y "experiencia" con las matemáticas hacia el alumno para que este poco a poco vaya desarrollando sus competencias, sabiendo que en el curso siguiente no sólo se va a incrementar la complejidad de la materia, sino que se va a basar en los aprendizajes previos. Una característica que le confiere cierto grado de dificultad añadido sobre todo para aquellos que no consiguen aprobar la materia o que lo hacen con un aprendizaje "débil" de la misma, lo que lleva a "muchos" alumnos a que las matemáticas no sea de sus asignaturas preferidas, tratando de "quitársela" sin profundizar en su aprendizaje.

La Función del Aprendizaje

Cuando uno piensa en aprendizaje lo suele hacer en relación con los estudios, así cuantos más años se dedique a la formación en una determinada materia mayor será su nivel de aprendizaje y, al contrario, si una persona no ha ido a la escuela o ha abandonado sus estudios antes de finalizar se puede considerar que no ha concluido su ciclo de aprendizaje. Pero esta visión a pesar de no ser incorrecta es limitada, pues únicamente se tiene en cuenta un campo de aprendizaje relacionado con el ámbito académico, siendo el concepto de aprendizaje más amplio, e involucrando cualquier nuevo conocimiento o destreza que con anterioridad no se tenía y ahora se adquiere.

Por tanto se puede aprender habilidades y destrezas además de conocimientos teóricos, un ejemplo de ello lo podemos ver a la hora de aprender a conducir, donde se han de superar dos tipos de pruebas para la obtención del carnet, una de tipo teórico, donde se ha de demostrar el dominio del conocimiento relacionado con el vehículo y las normas de circulación; y el examen práctico donde se demuestran las habilidades necesarias para la conducción en ciudad o en carretera, sin poner en peligro a los viandantes u otros vehículos, respetando las normas establecidas, y no se considera que la persona pueda obtener su carnet habilitante para conducir si falla en alguna de las dos pruebas, ya que sería muestra de un aprendizaje incompleto.

En otros casos, el aprendizaje es únicamente teórico, siendo superado mediante pruebas de opciones múltiples o de redacción; o exclusivamente práctico cuya evaluación suele realizarse mediante la ejecución de esa habilidad para demostrar su dominio. El aprendizaje pues se puede considerar como un proceso natural que forma parte de las características de muchos seres vivos, lo permite dar una mejor respuesta a las demandas del ambiente, a medida que va perfeccionándose mediante prueba y error, u otras prácticas de aprendizaje, para lo cual requiere de:

- Una capacidad sensitiva con la que percibir el mundo exterior.

- Un procesamiento, aunque sea básico de la información sensitiva que va a provocar una respuesta.

- Un sistema de almacenamiento de información, en donde se recojan tanto información sensitiva como la respuesta y sus consecuencias.

Es precisamente en este punto de retroinformación sobre la respuesta donde se empieza a delimitar el proceso de aprendizaje, el cual permite ir optimizando la forma de atender las demandas ambientales, adaptándose a las mismas.

Sin aprendizaje únicamente se trataría de una respuesta más o menos fortuita, cada vez que se presenta una estimulación, aunque esta haya sido la misma una y otra vez. Tal como sucede a aquellas personas que, por alguna lesión y trauma craneoencefálico, no pueden acceder a su memoria a largo plazo, rigiéndose exclusivamente por su memoria a corto plazo, en donde, pasados unos momentos, esos "recuerdos" se disipan y todo le vuelve a parecer nuevo y novedoso. Por tanto, el aprendizaje se puede considerar como un proceso superior, en el que participan otros más básicos, como la sensación, la percepción, la atención, la memoria, y las emociones.

A nivel cerebral existen distintos sistemas que van a participar en el proceso de aprendizaje, como el sistema nervioso periférico, encargado de recibir la información sensorioreceptiva y de hacer cumplir las órdenes, en cuanto a ofrecer la respuesta conductual oportuna.

A nivel del sistema nervioso central, la información es conducida al cerebro, el cual la procesa, clasifica y memoriza, en caso de tratarse de aprendizajes, así como da las instrucciones precisas para la respuesta pertinente, siendo en árcas especializadas del cerebro, donde intervienen los procesos de atención, percepción, memoria y emoción, sin los que el aprendizaje no sería posible.

Hay que tener en cuenta, que el cerebro está "diseñado"

para aprender, de hecho, es lo que "mejor" hace, es pues por lo que están implicado en ello diversas estructuras neuronales, aunque no existe un "centro del aprendizaje" por así decirlo, sino que son las funciones y habilidades que desarrolla la persona y que tienen su correlato en el cerebro, los que se van modificando y adaptando a los nuevos aprendizajes. Así la información relacionada con la visión va a implicar una serie de estructuras cerebrales, las cuales a medida que la persona va teniendo experiencia va cambiando y alterando su funcionamiento adecuándose al aprendizaje.

Y todo ello partiendo de un cerebro "en blanco", que ha sido estructurado y guiado genéticamente, sin necesidad de la intervención del medio ambiente, pero que con posterioridad tiene que ser "moldeado" según vaya adquiriendo la persona nuevos conocimientos y experiencias, lo que le ayudará a desarrollar sus habilidades y a ser funcional en el contexto social donde vive.

Aunque no está en "blanco" literalmente, ya que el bebé incluso desde el vientre materno puede oír, ver y sentir, además el cerebro poco a poco va adquiriendo la capacidad del control muscular, a lo que hay que añadir los movimientos reflejos que van a mostrar durante los primeros meses de vida.

El proceso de aprendizaje se inicia normalmente por los sentidos, cuya información se conduce al cerebro, donde se separa en dos vías, una emocional y otra cognitiva, allí se percibe el estímulo una vez analizado, por las áreas especializadas para cada sentido y de ahí permanece en la memoria. Para ello, y como base fundamental se encuentra el hipocampo, donde se guardará la memoria a corto plazo, antes de ser desechada o archivada en la memoria a largo plazo, produciéndose así el aprendizaje.

Hay que tener en cuenta, que, hasta hace escasamente unas décadas, se consideraba que el aprendizaje, se producía desde el momento del nacimiento, hasta la etapa adulta, perdiéndose esta facultad cuando se llegaba a la tercera o cuarta edad. Hoy en día, y gracias a los avances de las neurociencias, se conoce que este proceso se inicia incluso antes del nacimiento y que va acompañando al ser humano, en todas sus etapas, incluida la última, eso sí, la velocidad de aprendizaje va cambiando, siendo este mayor durante las primeras etapas de vida, y ralentizándose en las etapas posteriores.

Una capacidad la de aprendizaje en la que los más pequeños, como los jóvenes, parecen unos privilegiados para adquirir cualquier nuevo conocimiento, donde apenas les cuesta empezar un nuevo idioma o estudiar trigonometría. Algo que hasta hace unos años la ciencia tenía vetado a las personas mayores, argumentando que ellos como los más pequeños, no estaban preparados para este nuevo conocimiento.

El descubrimiento de la regeneración neuronal y de la creación de nuevas conexiones entre ellas, incluso a edades avanzadas, puso en tela de juicio dichas afirmaciones, defendiendo la postura de que todo el mundo, a cualquier edad, puede aprender lo que quiera, ya que el cerebro está preparado para ello. Algo que obligó a cambiar los marcos teóricos existentes, que por un lado constataban la dificultad de las personas mayores y por otro tenían las herramientas listas para el aprendizaje.

La importancia del cerebro en el aprendizaje, queda plasmado en cuanto se produce el deterioro del mismo, por ejemplo en el caso del Alzheimer, enfermedad neurodegenerativa cuyo síntoma principal es la pérdida de memoria, con lo que se evidencia cómo van "fallando" los aprendizajes adquiridos durante la vida, al desconocer cómo se denominan los objetos, cuál es su funcionalidad o cómo se viste, aspectos que normalmente uno no aprecia como aprendizajes y que es fundamental para ser independiente y llevar una buena calidad de vida.

Hay que tener en cuenta que no toda experiencia va a suponer un aprendizaje, ya que para que este se produzca se requiere de una serie de "pasos" en el procesamiento cognitivo, lo que va a incluir aspectos relacionados con la sensación, la atención, la percepción y la memoria entre otros. Así desde que nacemos, observamos a los demás y aprendemos de ellos a responder al medio ambiente, respuestas que reproducimos y que nos permiten alcanzar aquello que queremos o no. En función de lo cual aprendemos a dar o no, la misma respuesta en otro momento, a este tipo de aprendizaje se denomina incidental, y se puede considerar como aquel que no está pre programado y que se produce de forma intencional o no.

Dentro de la categoría de aprendizaje no intencional incidental, estarían todos aquellos aprendizajes que se adquieren sin que exista una intencionalidad, en el momento de su realización, por ejemplo, algunos aprendizajes observacionales, en donde vemos cómo actúa una determinada persona y qué consecuencias tiene, pudiendo tender la persona a repetir aquellos comportamientos que tuvieron resultados positivos y agradables; y al contrario evitar aquellos que no permitieron alcanzar los resultados esperables e incluso recibieron castigos al respecto.

Un ejemplo de ello sería, al ver cómo una persona cruza por la mitad de la carretera para llegar a la otra cera y coger un autobús, que acaba de detenerse en la parada. Si la persona después de pasar, sin mayores preocupaciones, alcanza el autobús, se sube y se va, aprenderá que esa es una conducta útil, para no perder el tiempo esperando un nuevo autobús, que puede pasar tras un cuarto de hora, media hora o una hora. En cambio, si observa cómo la persona casi es atropellada al cruzar la carretera y que después del susto, no alcanza al autobús que se va sin esperarle, se aprende que realizar esa conducta temeraria, no permite alcanzar su objetivo y por tanto no se tenderá a repetir. Pues igual que en este caso, estamos continuamente aprendiendo inintencionalmente, o poniendo en evidencia los aprendizajes que ya teníamos, como en el caso anterior, si ya sabíamos que no se debe de cruzar la carretera por cualquier lado, pues es peligroso, al ver cómo a la persona casi le atropellan por hacerlo, reforzará nuestro aprendizaje anterior.

Dentro de la categoría de aprendizaje intencional incidental, estarían por ejemplo los programas "educativos" de la televisión, los cursos por fascículos que acompañan a algunos periódicos, o los vídeos de autoaprendizaje de YouTube entre otros, pero también son las repeticiones que hace la madre hasta que su bebé consigue decir mamá o papá, todos ellos buscando un fin, la de modificar la forma de pensar, sentir o actuar del individuo. A pesar de eso, la intencionalidad explícita por transmitir información o conocimientos, no se considera aprendizaje institucional, ya que no se encuentra dentro de un sistema formal de aprendizaje, con una estructuración por temática y edades, ni busca unos objetivos adecuados a cada etapa evolutiva. Pero estos aprendizajes intencionales, no sólo van encaminados a aumentar el conocimiento de los demás, ya que puede concretarse en el desarrollo de determinadas habilidades y capacidades, como por ejemplo las escuelas de fútbol, encaminadas a mejorar el rendimiento deportivo de los menores.

En ocasiones este aprendizaje no requiere de nadie que instruya de forma intencional, para el desarrollo de ciertas habilidades y destrezas, que por ensayo y error se aprenden a perfeccionar, tal y como sucede con montar en bicicleta, que, con la práctica, se llega a controlar el equilibrio para no caerse, sin necesidad que nadie instruya al respecto. Este tipo de aprendizaje es considerado como más "natural", ya que va unido a la cotidianidad del día a día, y se ha convertido en una metodología docente en sí misma, donde se busca "sacar a la calle" la escuela, de forma que el alumno aprenda habilidades que pueda desarrollar el resto de su vida.

Una aproximación a ello se puede encontrar en algunas innovaciones educativas donde se trata de ofrecer experiencias cotidianas con aplicaciones de conceptos matemáticos previamente vistos en clase, por ejemplo al fomentar entre los alumnos a que lleven a cabo un pequeño negocio para recaudar dinero para una causa solidaria, donde los menores aprenderán el manejo de las cantidades de dinero, a establecer un porcentaje de ganancia sobre las ventas, a llevar un proyecto de beneficios calendarizado,...

Este modelo de enseñanza incidental ofrece además una serie de ventajas, como es la de facilitar el aprendizaje significativo, es decir aquel que puede ser aplicado con posterioridad en el día a día; implicando al alumnado en el aprendizaje; desarrollado en un ambiente flexible y motivante; potenciando la curiosidad del estudiante. Basado en estas ventajas, algunos padres proponen que la enseñanza se realice en las propias casas, sin precisar de escuelas al respecto, y que los padres sean los docentes, enseñando aquello que le va a "servir" en la vida al pequeño, y no conocimientos poco "prácticos" para la vida diaria.

Una postura no exenta de limitaciones, por la falta de preparación de los padres, para el desempeño como docentes, de todas las materias que necesita aprender el pequeño para mantener el mismo nivel que el de sus semejantes que sí acuden a clase. Igualmente, la evaluación del aprendizaje incidental es difícil, ya que no cumple con los estándares establecidos en el sistema educativo; a pesar de lo anterior, dependiendo de en qué país se viva, así será la posibilidad o no, de que los padres puedan educar a sus hijos en casa.

En contraposición al aprendizaje incidental, el aprendizaje institucional, se considera a aquel que está establecido en planes de formación orientados a la adquisición de determinadas destrezas, habilidades y formas de comportarse como parte de un plan estructurado más o menos flexible que busca:

- La integración del individuo en la sociedad, para lo cual las escuelas y centros educativos son transmisores de valores que dependiendo de cada sociedad se concretan de una forma u otra.

- Adecuación del comportamiento a las reglas sociales, estableciendo premios y castigos para moldear la conducta de los estudiantes.

- Consecución de determinados hitos según la edad del menor, estos pueden incluir aprendizajes más o menos memorísticos, así como el desarrollo de otras habilidades y destrezas.

Sobre los premios y castigos empleados, estos van a ir evolucionando con la edad del alumnado, así, y con respecto a los premios, estos inicialmente son administrados de forma física, donde el alumno que se sabe la lección, o que se porta bien en clase, recibe algún tipo de "regalo", estos poco a poco van a irse sustituyendo por premios sociales, es decir, el reconocimiento social delante de sus compañeros, como un "buen estudiante", aparte de aplausos y felicitaciones. En etapas posteriores, los premios dejan de ser administrados por el docente, y se convierten en el eje motivacional del alumno, para alcanzar el aprobado, o una nota superior, como compensación al esfuerzo de aprendizaje.

Con respecto a los castigos, en modelos educativos anteriores, se empleaba el castigo físico, como medio de "enseñar" a los más pequeños, a mantener conductas adecuadas, atender a clase o a saberse la lección; igualmente estos castigos se iban supliendo por otros de tipo social, en donde se llegaba a "ridiculizar" o menospreciar a los alumnos que no respondían con las expectativas establecidas por el profesor; pasando a edades más avanzadas, a ser el "suspenso", el castigo obtenido por un trabajo deficiente o no ajustado a los criterios académicos de su curso o nivel.

Hoy en día se considera que la práctica del castigo físico o social es inadecuada, y que los alumnos se sienten más motivados, por los estímulos positivos, que, por los negativos, a pesar de lo anterior, las calificaciones en edades más avanzadas, y lo que supone en cuanto a "repetir curso" se siguen empleando para modelar la velocidad de aprendizaje de los contenidos establecidos en el curso según la edad del alumno. Estos aprendizajes por su parte son más o menos duraderos en el tiempo, ya se encuentren en el corto plazo o en el largo plazo, siendo el objetivo de las instituciones educativas que los alumnos adquieran conocimientos que permanezcan, en el largo plazo para que puedan ser aplicados en el futuro.

Además, este conocimiento suele estar estructurado, en función del nivel de complejidad, así en las primeras etapas, se enseñan los conocimientos y destrezas necesarias, para poder adquirir otros complejos en los niveles educativos superiores. Aunque el aprendizaje es una actividad relativamente simple dependiendo del ámbito al que se refiera, se puede complicare enormemente, así el nivel de experto de una materia requiere en muchos casos de años de estudio o de práctica antes de alcanzar el dominio sobre ello. Por tanto, una primera aproximación al aprendizaje vendría en la diferenciación entre el inexperto y el experto, sabiendo que en muchos casos la distinción entre ambos es la falta de exposición, estudio y práctica del primero en comparación con el experto.

Precisamente basado en esta diferencia es cómo surgió la idea de la enseñanza, como el medio de transmisión de información de conocimiento y habilidades de un experto a un aprendiz, aspecto que se alargaba en el tiempo tanto como el aprendiz necesitase hasta que dominaba la materia. En ocasiones esta transmisión de aprendizaje se realizaba dentro de la familia, perpetuando así el oficio de generación en generación, sabiendo que su descendencia mantendría vivo el conocimiento.

Aspecto que durante muchos años ha "marcado" a las familias, siendo difícil que alguien que no haya nacido en ese ambiente pueda acceder a dicho conocimiento y práctica. Pero la educación y sobre todo el sistema educativo ha venido a romper esta exclusividad del aprendizaje, permitiendo que cualquiera con interés y ganas pueda estudiar la carrera de su preferencia, independientemente de la formación previa de sus padres, pudiendo ser así el primer médico o abogado de la familia.

A pesar de lo anterior, y de las facilidades que existen para acceder al aprendizaje, no todos parecen "interesados" de la misma forma en dicha oportunidad, mostrando algunos más problemas para llevar el mismo nivel que el resto, lo que en algunos casos "obliga" a los padres a "sacarlos" del sistema, por entender que su hijo "no sirve" para aprender, aproximación que denota una relación aprendizaje-escuela que no es del todo correcta, ya que ese mismo hijo puesto en otro tipo de centro, como las escuelas taller, donde se desarrollan más las habilidades que los conocimientos prácticos, puede hacer que no sólo mantenga el ritmo de sus compañeros, sino que incluso puede llegar a destacar; y todo ello por realizar una mejor elección en cuanto al aprendizaje del menor, ajustado a sus necesidades e intereses.

Por tanto, aprender, es una actividad que se está haciendo "siempre" que se adquiere nuevo conocimiento, pero también cuando se desarrollan nuevas habilidades, incluso se puede considerar aprendizaje cuando se mejoran los conocimientos y habilidades previas, aproximando a la persona al nivel de experto, por el dominio desarrollado de los mismos.

Hay que tener en cuenta que una persona puede ser experto en una materia y no experto en otras, esto es debido a que nuestro tiempo es limitado y debemos de "elegir" en dónde ocuparlo, así en aquello que más tiempo dediquemos es más probable que nuestro aprendizaje se desarrolle de forma más rápida y sostenida en el tiempo, en comparación con otras actividades que iniciamos y "abandonamos" al poco, lo que hará que no consigamos ser expertos en dicha materia.

EL APRENDIZAJE DE LAS MATEMÁTICAS

Cuando uno piensa en la escuela lo suele hacer en las clases de lengua, historia e incluso matemáticas, una asignatura considerada por algunos como la "peor" por la que han tenido, asociada con emociones negativas que llevan a una sobreactivación y con ello a inferiores resultados en su ejecución (Klein et al., 2019). La importancia de las matemáticas no sólo radica en que esta nos rodea en todo momento, ya que los objetos tienen una serie de propiedades como su longitud, peso, volumen… todo ello expresado numéricamente, pero los objetos no están "aislados", sino que se relacionan entre sí, y de ahí surgen conceptos como el de la velocidad, la fuerza, resistencia… aspectos de los que aun sin darnos cuenta estamos procesando matemáticamente. Así a la hora de cruzar, cuando oímos la señal auditiva del semáforo iniciamos la marcha, calculando el tiempo que nos va a llevar atravesar el paso de cebra, acelerando la misma cuando el sonido se acorta, por tanto, las matemáticas están más presentes en la vida de lo que en ocasiones somos conscientes.

A pesar de que el docente tiene cierto nivel de libertad a la hora de establecer qué se estudia y cómo se hace, este conocimiento debe de ajustarse a unos planes de centro que a su vez van a seguir las directrices autonómicas o nacionales, de forma que se ofrezca una educación común en función de la edad del menor. Dentro de los parámetros que establecen estos "mínimos" para el nivel educativo correspondiente, cada docente puede fijar su propio plan de estudios, el cual suele estar aprobado por el centro, de forma que si se ha de tomar unos días de baja médica o por otro motivo, y debe de entrar un sustituto, este va a saber en qué momento de la docencia se encuentra, qué se ha visto hasta ahora y lo que debe de explicar en adelante. Igualmente, que, en el caso del docente titular, el sustituto puede amoldar la metodología didáctica a sus propios dominios e intereses.

Dichos planes de estudios se deben ajustar a un contexto educativo lo que va a determinar las actividades que van a poder desempeñar los alumnos, así como las competencias que se les van a "exigir" a final de curso. Así, si un centro es bilingüe, la docencia de matemáticas puede impartirse, por ejemplo, en inglés, con lo que la estructura, el contenido e incluso la forma de impartir la clase se debe de ajustar a dichas peculiaridades. Otro ejemplo de contexto educativo son los institutos para alumnos "destacados", donde ya no basta con establecer un programa, sino que se fijan objetivos por proyecto, tratando de que estos sean lo más individualizado posible, adaptando la metodología y el avance en la temática en función del desempeño del menor.

Aunque ya es menos común, con anterioridad, en las localidades donde existían pocos menores, era habitual que un mismo docente, en una misma clase atendiese a pequeños de diferentes edades, teniendo que ajustar la misma a cada nivel educativo, para que fuese provechoso para todos. Sin llegar a esos "extremos" actualmente es relativamente frecuente que en una clase se encuentre pequeños con alguna discapacidad o problema del aprendizaje lo que va a hacer que se tengan que realizar adaptaciones curriculares específicas para que dicho alumno pueda seguir el normal desarrollo de la clase en la medida de sus posibilidades.

Una situación relativamente novedosa de los últimos años ha sido la incorporación en un número creciente de alumnos provenientes de otros países, lo que ha llevado a adoptar determinadas políticas encaminadas a la integración social, además de desarrollar las competencias específicas de las materias que se imparten. Todas estas circunstancias "especiales" cada vez más "normales" van a determinar el contexto donde se va a desarrollar la docencia y con ello puede variar el plan de estudio que se vaya a realizar, de forma que este sea realista, sin perder de vista los mínimos obligatorios a cumplir.

A pesar de que se ha usado indistintamente los términos plan de estudio o programa, se puede señalar que estos tienen un marco muy específico y diferenciado, así el programa de estudio es el más próximo al alumnado y suele ser elaborado por el docente, donde se establecen los temas concretos a impartir, además de los objetivos perseguidos, por tanto, sería una lista de contenidos que se deben de enseñar. En cambio, el plan de estudio es mucho más amplio, donde no se "para" tanto en los contenidos específicos sino más bien en los generales, y donde además se incluyen los métodos que se van a emplear en la docencia, además de los objetivos y metas de esta, estableciendo medidas de efectividad.

Los programas por tanto son elaboraciones individuales de los docentes dentro del marco de competencias "mínimas" establecidas para su desarrollo en función de la edad, pudiéndose cumplir todo el programa o no, siempre que se garanticen las competencias debidas. Así un docente puede crear un programa de 10 temas y otro dentro de la misma asignatura un programa de 20 temas, a final de curso, el primer docente puede haber llegado a concluir su temario, mientras que el segundo puede que le quede algunos temas por dar.

Esto no sería problema siempre que se hayan cubierto los "mínimos" establecidos, no siendo válida la docencia de un profesor que no haya abordado "ni un tema" de su programa o que haya "preferido" dar otra materia, en este caso, el docente puede ser amonestado, ya que su "decisión" puede tener importantes repercusiones en el futuro de sus alumnos, por ejemplo si se trata de una asignatura como la de matemáticas, la cual se va "construyendo" año a año, haciéndose cada vez más complejo el conocimiento al respecto.

Así, si por el motivo que fuere un docente "decide" no impartir los mínimos establecidos en matemáticas para una determinada edad, cuando el alumno pase al siguiente curso tendrá una carencia importante, que hará que no pueda seguir avanzando con el nuevo conocimiento al faltarle las bases necesarias para ello. Otro aspecto es que sea "culpa" del alumno el no saber o querer aprovechar la docencia impartida y seguir con el programa, con lo que al final del curso no habrá llegado a los mínimos establecidos, lo que tendrá consecuencias futuras en su desempeño en esta materia.

Si bien con anterioridad se echaba la "culpa" al menor de su falta de aprovechamiento, existen muchas variables que pueden estar influyendo en el desempeño que pueden llegar a "explicar" un bajo rendimiento, ya provenga este de "problemas" en el ámbito familiar, un menor nivel de inteligencia, o dificultades en el aprendizaje entre otros, pero ¿se puede predecir el fracaso académico?

Esto es lo que ha tratado de responderse desde el Instituto Karolinska (Suecia) fijándose para ello en una sola variable, la memoria de trabajo, la cual es la capacidad de retener y manejar información a corto plazo (Ullman, Almeida, & Klingberg, 2014).

La memoria de trabajo se ha demostrado ser un buen predictor de un mejor rendimiento en el tiempo, tanto en matemáticas como en lectura, así un niño con escasas capacidades desarrolladas de memoria de trabajo van a mostrar dificultades futuras, por ejemplo en las tareas aritméticas que requieren de una secuencia sistemática en su ejecución, por todo ello ha sido objeto de estudio de éste grupo de trabajo, empleando para su evaluación la técnica de resonancia magnética funcional, con el objeto de establecer un método útil para identificar tempranamente a niños con riesgo de sufrir escaso desarrollo cognitivo.

Participaron en el estudio 232 menores con edades comprendidas entre los 6 a 20 años, de los cuales se excluyeron a aquellos que tenían trastorno por déficit de atención o dislexia, para lo cual se evaluó empleando medidas neuropsicológicas adaptadas a cada edad. A los participantes seleccionados se les administró una prueba de memoria de trabajo, que no puede ser evaluada directamente sino viendo sus efectos en la ejecución de alguna tarea, además se empleó las matrices progresivas de Raven para medir la capacidad de razonamiento. Los mismos participantes tuvieron que pasar por estas pruebas 2 años después para evaluar la consistencia de las medidas, o el cambio en el tiempo de estas.

Los resultados muestran cómo existen dos estructuras que están implicadas en una mejor predicción del desempeño en las tareas de memoria de trabajo y con ello de un mejor desarrollo académico y profesional futuro, estas fueron, el tálamo y los núcleos caudados, por lo que los autores entienden que con ello es posible emplear la resonancia magnética como herramienta de evaluación para poder detectar de forma temprana una menor activación de las estructuras anteriormente indicadas, que sería indicación de que hay que intervenir en esos pequeños, ya que de no hacerlo pone en riesgo su desarrollo cognitivo y con ello su futuro académico y profesional.

Pero si bien desde las aproximaciones más ambientalistas se asevera sobre que todo puede ser enseñado con el método correcto y dedicándole tiempo y esfuerzo, en ocasiones los menores parece que no pueden aprender matemáticas por mucho que quieran y lo intenten, entonces ¿se podría afirmar que un menor pueda tener una Discapacidad Matemática?

Desde el departamento de Psiquiatría y Ciencias del

Comportamiento y el de Neurología y Ciencias Neurológicas, de la Facultad de Medicina de la Universidad de Stanford, (EEUU) junto con el departamento de Educación y Estudios del Niño de la Universidad de Leiden (Países Bajos) y la Facultad de Educación de la Universidad Hebrea de Jerusalén (Israel) se analizan las bases neuronales que sustentan la discapacidad matemática (Jolles et al., 2016).

Para ello estudiaron las diferencias cerebrales al comparar en niños con edades comprendidas entre los 7 a 9 años, la mitad de los cuales tenía discapacidad matemática y el resto no, siendo equiparados por género y edad. A todos ellos se les solicitó que llevaran a cabo una serie de tareas matemáticas mientras se le realizaba una resonancia magnética funcional para ver las áreas cerebrales que se activaban.

Los resultados muestran diferencias entre los niños con y sin discapacidad matemática, encontrando que los que tenían esta discapacidad mostraban alteraciones en la conectividad relacionada con el procesamiento matemático a nivel frontoparietal bilateral, todo ello explicado, según los autores, por un deficiente desarrollo en este ámbito, lo que le llevará al menor a arrastrar problemas que le afectarán tanto académicamente como en el ámbito de su futuro profesional.

Hay que tener en cuenta que el aprendizaje de las matemáticas va a conllevar una serie de desarrollos previos y necesarios sobre los que cimentar dicho conocimiento. Igualmente, para la correcta resolución de un problema matemático es preciso incorporar diversos procesos cognitivos que va a llegar a mediar el resultado final.

No basta sólo desarrollar capacidades matemáticas, que son necesarias e imprescindibles, ya además se requiere de un desarrollo de la comprensión de lectura con lo que entender el enunciado del problema, una capacidad de razonamiento y de interpretar el problema para saber qué se pide, cuál es la ecuación o método de resolución más adecuado. Pero si bien es necesario que el alumno vaya poco a poco adquiriendo estas competencias, el docente debe de dominarlas para poderlas transmitir, sino no se va a producir el proceso de enseñanza-aprendizaje. Es decir, el docente tiene que tener las competencias necesarias de conocer y realizar las tareas de resolución de los problemas matemáticos a los que van a tener que enfrentarse los alumnos según el nivel académico en donde se halle. Esta competencia en la matemática escolar va a incluir (Godino, 2009):

- la comprensión conceptual, con la capacidad de comprensión lectora de los problemas relacionados con las matemáticas.

- la fluencia procedimental, donde ser capaz de expresar los problemas mediante notaciones matemáticas para poder ser resueltas.

- la competencia estratégica, con el que decidir adecuadamente entre las distintas vías para poder resolver un problema matemático

- el razonamiento adaptativo, por el cual se debe de ajustar al contexto matemático el problema planteado

- la disposición productiva, con el que buscar la resolución final de los problemas planteados

Aspectos que aunque puedan parecer "fáciles" quedan en evidencia entre aquellos alumnos menos diestros y entre los que tienen algún problema del desarrollo como en el caso del autismo; sobre este último todavía existen muchos mitos que a pesar de las evidencias científicas perduran en nuestros días, así todavía se llega a asociar algunos tipos de autismo con un superdotado con una mente especialmente preparada para las matemáticas con capacidad para visualizar los números y resolver problemas que ninguno otro ha podido antes.

Quizás algunos libros y películas, e incluso documentales han destacado alguna capacidad matemática "llamativa" como la de indicar qué día de la semana cae cuando nació la persona; o la de recordar el número de teléfono de cada uno por haberse aprendido de memoria el listín telefónico, tal y como se presenta en la película de Rain Man, pero hay que distinguir a los casos excepcionales de la generalidad en el autismo. Es cierto que hay autistas que pueden destacar, pero también hay no autistas que destacan en el mismo ámbito, por ello asociar autismo con alguna especie de facilidad de las matemáticas no parece que sea un dato sostenido por la evidencia científica, pero ¿cómo funciona la mente del autista ante las matemáticas?

Esto es lo que se ha tratado de resolver con una investigación planteada desde la Universidad Muhammadiyah Gresik y la Universidad Negeri Surabaya (Indonesia) junto con la Universidad de Flinders (Australia) (Fauziyah, Lant, Budayasa, & Juniati, 2019). En el estudio se presentan los resultados de dos pequeños con autismo, el primero un menor de 16 años y un coeficiente intelectual de 115; y el segundo con 18 años y un coeficiente intelectual de 95; empleando la observación y entrevista para conocer cómo funcionaba la cognición de cada uno de los participantes ante la resolución de problemas matemáticos, para ello se analizó si seguían cada uno de los siguientes pasos (Anderson, 2005):

- Comprensión e interpretación del texto del problema a resolver.

- Recordar la información leída y comprendida del problema.

- Organizar dicha información para saber qué es importante y qué no, además de construir una representación sobre el problema.

- Establecer un plan sobre los pasos que requiere el problema.

- Planificar la resolución del problema, aplicando el método de resolución más adecuado.

Los resultados del estudio muestran claras diferencias en cuanto a la habilidad matemática no asociado tanto a la edad como al nivel de desarrollo intelectual y a las experiencias inclusivas en el aula. Así existían diferencias en cuanto a la lectura y comprensión de las propias instrucciones del problema matemático a resolver que determinaban su correcta resolución o no. Igualmente se mostraron diferencias en cuanto a la visualización y planteamiento del problema a resolver. Por tanto y basado en esta investigación no se puede considerar que todos los autistas tengan la misma experiencia con las matemáticas tanto en cuanto a su lectura e interpretación como en su resolución, teniéndose que atender a otros factores como la experiencia previa con dicha materia o el nivel de inteligencia.

Esta investigación ejemplifica que la condición de autismo per se no puede asociarse a la superdotación matemática, ni siquiera a una alta capacidad en esta área, ya que, tal y como se ha comentado, existen otros muchos factores a tener en cuenta, que van a influir en el mayor o menor desarrollo de las matemáticas en personas con autismo.

Una vez realizada dicha puntualización y debido a las características propias de esta materia indicar que desde el Enfoque Ontosemiótico del Conocimiento (Godino, Batanero, & Font, 2007) y la instrucción matemática se establece que el docente debe de ser capaz de analizar la actividad matemática que él mismo y los alumnos llevan a cabo a la hora de resolver los problemas matemáticos; identificar las prácticas y objetivos que van a emplearse en dicho proceso; especificar las variables que se encuentran en el enunciado; con lo que detectar las dificultades que presentan los alumnos, para poder entrenarlos al respecto.

Hay que tener en cuenta que como las matemáticas requieren de diversos procesos, incluido la comprensión lectora, un lenguaje específico, la decodificación de notaciones matemáticas, la selección de procedimientos y la resolución, debido a la complejidad de dicho procedimiento, el docente debe de centrar su formación en cada uno de los pasos anteriormente mencionados. Así no tendría sentido que enseñase nuevos aspectos matemáticos, si es incapaz de conocer e interpretar correctamente los símbolos que se incluyen en las notaciones matemáticas, lo que daría cuenta de un fallo en un prerrequisito, más que una incapacidad para asumir nuevo conocimiento al respecto.

De ahí la importancia de que el docente no presuponga las competencias de sus alumnos, si no que o bien las vaya enunciando paso a paso el profesor o solicitando a algún alumno que lo haga, con lo que se ayudará al resto de la clase a comprobar si tiene adquirido dichos conocimientos.

En caso de que el alumno que va enunciándolo se equivoque o que alguno de la clase no lo comprenda podrá interrumpir el proceso para reforzar ese punto, ya que sin el mismo sería difícil que el alumno llegase a completar satisfactoriamente la tarea encomendada. Por tanto, el docente no puede limitarse a describir o explicar los procesos matemáticos, pues sus efectos en el aprendizaje sólo serán válidos si todos los alumnos tienen desarrolladas las competencias previas al respecto, por lo que se requiere de un análisis para determinar en qué punto se encuentran y cuáles son las carencias de estos.

Una estrategia educativa empleada también en las matemáticas es plantear el trabajo en parejas de forma que en la misma exista un experto y un aprendiz en cuanto al desempeño matemático se refiere, es decir, poner los alumnos que mejor se desenvuelven con las matemáticas con los que peor lo hacen, de forma que le ayuda a este último a alcanzar el nivel de la clase. Algo que se ha visto que es muy útil incluso para el "experto", ya que a la hora de "ayudar" al aprendiz debe de buscar ejemplos y exponerlo de forma accesible para ello, lo que le ayuda a afianzar el conocimiento además de desarrollar habilidades sociales. Con respecto a la enseñanza de las matemáticas los docentes van a tener que atender a una serie de facetas:

- epistémica, el cual abarca el conocimiento específico de las matemáticas, en donde el docente se muestra como experto en la materia

- cognitiva, en el que se incluye el punto de vista de los propios alumnos sobre la asignatura, así como su razonamiento y aprendizajes

- afectiva, que tiene en cuenta las creencias y emociones relacionadas con respecto a las emociones por parte de los alumnos

- interaccional, donde se promueve la relación entre los compañeros a la hora de afrontar la resolución de las tareas presentadas

- mediacional, entre los recursos disponible y el alumnado.

- ecológica, donde relacionar el contenido de las matemáticas con otros contextos.

Estas facetas deben de ser tenidas en cuenta por parte del docente en su labor de la enseñanza de las matemáticas, ya que la deficiencia en una o varias va a ir en detrimento del aprendizaje de los alumnos, así y con respecto al factor:

- epistémico, si el docente no tiene la suficiente destreza y dominio de las matemáticas difícilmente va a poder enseñarlas adecuadamente, limitándose en exclusiva a "copiar" lo que dice el libro de clase al respecto. Algo que se evidencia en el caso de algunos "sustitutos" en que no están preparados lo suficiente como para abordar desde el primer día la temática que tiene asignado, necesitando cierto "rodaje" e incluso repaso sobre la materia para poderla impartir de forma satisfactoria.

- cognitiva, en donde las equivocaciones en cuanto a deducciones e incluso "intuiciones" van a perjudicar el proceso de aprendizaje, siendo importante que los alumnos las expongan en clase para ser valoradas, y rectificadas por los docentes, ya que, si no las comunican, difícilmente van a "superarse", dificultando así el dominio de la tarea.

- emocional, el cual es un problema importante en el que "caen" muchos alumnos, sobre todo aquellos a los que más le cuestan las matemáticas, argumentándose a sí mismos que "no le gusta", o que es demasiado difícil, cuando en realidad esta relación de "odio" ha ido "cultivándose" desde pequeño, tal y como lo han evidenciado diversos estudios donde se ha hecho hincapié en una intervención emocional positiva en las clases de matemáticas, observando cómo a niveles superiores no sólo no se encontraba esta relación de "odio", sino que incluso existía cierto nivel de "amor" hacia la misma, y todo ello, en función del aspecto emocional trabajado por el docente de matemáticas.

- interaccional, debido a que cuando un alumno es capaz por sí mismo de resolver un planteamiento o problema matemático, difícilmente va a solicitar la ayuda de otro compañero sino existe una dinámica creada al respecto, así los alumnos pueden "coger confianza" en preguntar a otros siempre que el docente lo haya fomentado, por ejemplo creando grupos de trabajo para resolver un determinado problema, donde se les requiere que todos de un modo u otro participen en el mismo, lo que a su vez va en beneficio del desarrollo de competencias sociales.

- mediacional, donde el docente de saber en qué momento introducir un determinado elemento, ya sea para aumentar la motivación o incentivar la curiosidad o ejemplificar un concepto. Si el docente no sabe o quiere hacer uso de los recursos tecnológicos y materiales a su disposición, abocará a la clase magistral, la cual se ha relacionado con unos bajos niveles motivacionales por parte del alumnado y una "pérdida" significativa en el proceso de aprendizaje.

- ecológica, aspecto que es fundamental en el desarrollo del aprendizaje significativo, ya que se rompe la especificidad del conocimiento de la asignatura con dicho ámbito, pues si no se hace así, es difícil que el alumno comprenda la "utilidad" de lo que aprende. Corresponde pues al docente buscar conexiones y "utilidades" a cada uno de los conceptos que se van explicando, sabiendo que cuanto más práctico para la vida diaria sea dicho conocimiento más fácil será su aprendizaje.

Desarrollo del cálculo matemático

Cuando uno piensa en cálculos simples lo suele hacer en relación con sencillas operaciones matemáticas que involucran la adicción o sustracción de elementos, donde se han de aplicar la suma o resta de dos elementos.

Pero esta se puede hacer más complejo tanto si se incorporan nuevos elementos, haciendo ahora que la suma sea de tres, cinco o diez dígitos, o incorporando nuevas operaciones como los porcentajes o integrales.

Operaciones complejas que en muchos casos pueden ser simplificadas, pero que da como consecuencia una mayor concatenación de operaciones simples y con ello se "alarga" el proceso tanto en tiempo invertido como en recursos implicados.

Cuando los cálculos son simples, no existen diferencias en cuanto a la velocidad y exactitud de la respuesta entre un experto o un novato en el ámbito de las matemáticas, en cambio, a medida que la complejidad aumenta, el novato, cada vez va a ir cometiendo más errores y las operaciones le van a llevar mucho más tiempo.

En cambio el experto, tendrá un mayor abanico de estrategias a implementar con lo que alcanzar el resultado esperable sin que se vea afectado el nivel de exactitud o el tiempo implicado, y todo gracias a la selección de una mejor estrategia adaptada al problema planteado.

Lo anterior se denomina "efecto del tamaño del problema", donde se ha observado cómo ante problema simples se emplean estrategias de recuperación, mientras que ante problemas complejos se usan estrategias procedimentales como la descomposición o el conteo, según Thevenot, Fanget y Fayol, cuando los problemas tiene una dificultad intermedia, se observa cómo los expertos emplean estrategias procedimentales, mientras que los "inexpertos" siguen usando estrategias de recuperación.

Con respecto al análisis de la actividad eléctrica cerebral mediante electroencefalograma, se ha observado cómo ante tareas aritméticas, la presentación de una cifra provoca una P400, es decir, una onda positiva a los cuatrocientos milisegundos después de dicha presentación denominada "Positividad relacionada con la aritmética"o ARP en sus silgas en inglés, cuya amplitud aumenta a medida que lo hace el tamaño del problema.

Hay que tener en cuenta que la información anterior hace referencia a la comparación en la ejecución de personas con mayor o menor experiencia con las matemáticas, pero que no tienen ningún tipo de problema al respecto como la discalculia.

Además estas tareas de cálculo van a requerir de otras capacidades cognitivas intactas, como la memoria, la atención, sabiendo que si alguna de estas se ve afectada lo hará en la misma medida la capacidad de resolución.

Hay que establecer que la memoria juega un papel fundamental a la hora de identificar correctamente el valor de las cifras, recordando sus propiedades y la forma en que pueden "manipularse" y aplicar cálculos de distinta complejidad.

Pero a destacar de entre los distintos tipos de memoria en las tareas de cálculo, está la memoria de trabajo, gracias a la cual se mantiene la información sensorial presente junto con la recordada, lo que permite que sea manipulable.

Así, cuando una persona tiene una memoria de trabajo poco desarrollable, le costará mantener varios dígitos con los que operar "en la cabeza", requiriendo de "apoyos" como en el caso del lápiz y el papel; en cambio si una persona tiene una gran capacidad de memoria de trabajo, no sólo va a poder retener una mayor cantidad de dígitos con los que trabajar, si no que las posibles operaciones a aplicar van a ser igualmente mayores.

En el caso de los superdotados o las personas con altas capacidades con un desarrollo matemático destacado, se ha observado cómo tienen una base biológica que facilita el procesamiento de la información, pero especialmente cuentan con una "memoria prodigiosa" para los números, es decir, una memoria de trabajo mucho más desarrollado lo que le permite realizar diversos cálculos a la vez con gran cantidad de información, con lo que consigue obtener mucho antes la respuesta buscada y con una menor posibilidad de error.

Con respecto a las áreas implicadas en las tareas simples gracias a técnicas como la resonancia magnética funcional:

- corteza prefrontal, el cual va a participar en las tareas que requieran de cierto nivel de supervisión, así como de manipulación de la información.

- corteza parietal posterior, donde se ha observado que se mantienen las representaciones visuales de las ecuaciones a solucionar.

Hay que tener en cuenta que estas mismas áreas intervienen también en las tareas complejas, pero al requerir de un mayor nivel de procesamiento van a participar otras áreas, lo que va a dificultar su correcta identificación.

Igualmente la forma de expresar las ecuaciones, y la demanda de la misma, va a determinar en qué medida van a intervenir las distintas regiones del cerebro en su resolución.

A pesar de los resultados anteriores, a medida que va aumentando la experiencia de la persona, la implicación de la corteza prefrontal va a ser menor, no en el sentido de "desinteresarse" de la tarea, sino que el nivel de recursos y por tanto de actividad va a ser menor, debido a que es una tareas "sabida"; igualmente, pero únicamente en jóvenes inexpertos frente a adultos inexpertos, se ha observado cómo los primeros reducen el nivel de actividad de la corteza parietal posterior a medida que recibe un mayor entrenamiento en las actividades de cálculo.

Las diferencias de edad en cuanto a la reducción de actividad han tratado de ser explicadas debido a la facilidad de los jóvenes a la hora de automatizar tareas y reducir así los recursos empleados, aspecto que abogaría a la necesidad de la enseñanza de las matemáticas a edades tempranas frente a la educación de adultos de esta materia.

Algunas investigaciones han observado cómo la enseñanza del álgebra que en algunos países se inicia en noveno grado, pueden ser introducidas con éxito desde el segundo grado (7 a 8 años) sin recurrir al simbolismo algebraico; y desde el quinto grado (10 a 12 años) con el lenguaje algebraico simbólico.

A nivel neuronal también es posible observar cambios a medida que el estudiante va adquiriendo habilidades y destrezas matemáticas y convirtiéndose en experto al menos así lo afirma una investigación conjunta realizada por el Departamento de Psicología Experimental y el

Centro de Neurociencia Integrativa Wellcome de la Universiad de Oxford junto con el Departamento de Psicología de la Universidad de Londres (Reino Unido); el Departamento de Psiquiatría y Ciencias del Comportamientode la Universidad de Stanford junto con el Instituto Nacional de Salud (EE.UU.) y Instituto de Cerebro, Cognición y Comportamiento Donders (Países Bajos) (Popescu et al., 2019).

El estudio se realizó con docentes universitarios comparando entre matemáticos frente a no matemáticos de la Universidad de Oxford, para lo cual se emplearon diversos tests psicológicos donde se evaluaba la memoria de trabajo, la atención, la inteligencia, y las habilidades sociales; además se evaluó la actividad cerebral mediante resonancia magnética.

Los resultados muestran diferencias significativas en el giro superior frontal izquierdo y en el lóbulo parietal superior derecho encontrándose una mayor densidad de sustancia gris en los docentes de matemática frente a los no matemáticos; y al contrario, en el surco intraparietal derecho y en el giro frontal inferior izquierdo se encontró una menor densidad de sustancia gris. No encontrándose diferencias en cuanto a la sustancia blanca entre los docentes. Estas estructuras van a estar implicadas tanto en la cognición numérica, como en la atención hacia las matemáticas. Es decir, los expertos en matemáticas tiene un cerebro especialmente preparado para atender a las matemáticas y una cognición desarrollada para procesar dicha información.

ERRORES EN EL DESEMPEÑO MATEMÁTICO

Son muchas las causas detrás de los errores habituales, siendo los más corrientes aquellos que están relacionados con las tareas complejas, sobre todo entre aquellos que no son expertos en el ámbito.

Ante un sistema limitado de recursos tanto de memoria de trabajo, atención y capacidad matemática, el incremento del número de dígito de las operaciones o las funciones a aplicar van a ir aumentando también la posibilidad de errar.

Algo habitual entre los inexpertos, donde se observa cómo a medida que desarrollan sus habilidades matemáticas y de cálculo, van reduciéndose sus errores.

Entre los factores que van aumentar también los errores es con respecto a la memoria de trabajo, así ante dos operaciones idénticas pero con expresiones matemáticas diferentes, aquella que requería de mayor memoria de trabajo era donde se presentaba más errores, tal sería el caso ejecutar una ecuación expresada con número frente a la misma ecuación expresada con fracciones.

Con respecto a la comparación de cifras se ha observado cómo existe una activación diferencial en la hendidura postcentral derecha, mientras que la multiplicación incrementa la actividad de la hendidura interparietal izquierda, y la resta el lóbulo prefrontal, en la circunvolución frontal inferior y en la circunvolución del dorso-lateral prefrontal, así como en la región anterior del surco interparietal derecho.

A pesar de lo anterior, no se considera error de cálculo, cuando en el mismo se tienen en cuenta otros factores no matemáticos, tal y como sucede en el comportamiento del consumidor el cual ha sido objeto de estudio desde distintas disciplinas como la Psicología, analizando singularidades como el efecto IKEA. Diariamente cuando vamos a comprar nos enfrentamos ante la decisión de qué producto adquirir o qué servicio contratar, pero previo a estas decisiones hay otra más importante y de la que a veces no nos damos cuenta, ¿Dónde comprar?

La cuestión no es menor, si tenemos en cuenta que los comercios intentan atraer a nuevos clientes y fidelizarlos para que vuelvan una y otra vez para hacer sus compras. Si las empresas generadoras de productos intentan diferenciarse del resto gracias a la publicidad, buscando que modifiquemos nuestros gustos y deseos, en favor de su nuevo producto, no es menos lo que hacen los establecimientos para que compremos en él.

Algunos firmas han optado por ofrecerse lo más próximo al cliente, pagando por ello sumas importantes, por situarse en cada barrio, otras prefieren concentrarse en una calle "lujosa" donde se ubican las grandes firmas, otros en cambio buscan un terreno barato donde ubicarse pero a cambio ofrecen precios más bajos y competitivos con los que atraer al cliente hasta las afueras de la población. Igualmente los establecimientos eligen entre estar especializado en un solo producto o una gama de ellos, o ser generalistas, abarcando cuantos más productos mejor, ofreciendo de esa forma una "experiencia" completa al cliente. Ni que decir tiene que la publicidad intentando atraer al cliente va jugar un papel importante, y una vez que el cliente se decide, las técnicas de escaparatismo y marketing directo van a determinar el éxito final de la compra, pero ¿Cómo elegimos lo que compramos?

Lo último en tecnología o en moda, son uno de los elementos determinantes de nuestra conducta como consumidores y es precisamente donde mayor incidencia hacen las campañas de publicidad, al darnos a conocer los nuevos productos y servicios y sus ventajas sobre lo "antiguo" y sobre los competidores. La investigación en marketing ha permitido afinar en gustos, tamaños y colores para cada producto, pero hoy en día se está centrando en un fenómeno relativamente nuevo denominado el Efecto IKEA.

Descubierto por una investigación conjunta entre la

Facultad de Empresariales de Harvard, la Universidad de Yale y la Universidad de Duke cuyos resultados han sido publicado en el 2014 en la revista científica Harvard Business Review, cuando trataban de analizar por qué empresas como IKEA habían tenido tanto éxito en los últimos años.

Para ello después de comprobar multitud de variables, los investigadores se dieron cuenta que la implicación del cliente en las tareas de "construcción" a través del armado de elementos según un esquema previo a seguir, parece ser que crea cierto grado de satisfacción personal por haber completado una actividad creativa. Para lo cual utilizaron diversas tareas en donde participaban voluntarios, a los cuales se les solicitaba que valorasen económicamente el producto final, de cada una de las siguientes tareas encomendadas, ya fueran desde las más próxima a la actividad "natural" de un producto de IKEA, como la de armar una caja, como la de hacer una figura de papel, empleando la técnica del Origami.

Los resultados informan que los "constructores" valoraban más su obra, siempre y cuando se les hubiese dejado concluir, incluso comparada con la realizada por expertos. La implicación con aquello que se hace, se ha comprobado como incrementa el valor subjetivo de lo construido, con nuestras propias manos, incluso aunque no esté bien montado, frente a lo que podemos comprar ya armado.

Éste efecto bautizado como efecto IKEA por la marca que popularizó el "hazlo tú mismo", ya se ha visto también en otras marcas y compañías que ofrecen esta experiencia creativa de participación en la construcción del producto final.

Un hallazgo que puede ser un lastre a la hora de vender la casa, en la que el propietario sobrevalora su inmueble, cuando ha realizado reformas e invertido tiempo y dinero en cuidarlo, ofreciéndole por encima del precio de mercado, aspecto que recientemente ha sido evidenciado por una revista especializada en el mundo inmobiliario Canadian Real Estate Wealth Magazine. Siendo un acicate a la hora de establecer un precio de salida correcto, el cual lo hacen mejor los expertos.

Resultados como este hacen tener que reevaluar las estrategias comerciales basadas en muchos casos en el precio, especialmente en la época de "rebajas" donde se ofertan descuentos sobre el precio de dos unidades por una, el treinta, cincuenta o setenta por ciento, y que consigue un incremento significativo de las ventas con respecto al resto del año.

Aspecto que en ocasiones, y de forma voluntaria es llevado a "error" a los consumidores, pudiendo vender productos más caros con un descuento aparentemente superior, a pesar de lo cual sigue costando más que otro más barato con un descuento menor, prefiriendo los consumidores el que tiene más descuento aún a pesar de que la calidad del producto sea idéntica entre ambos.

Por tanto en este caso se trataría de un sesgo psicológico que va a incidir a la hora de la toma de decisiones, donde priman aspectos no económicos, pero con consecuencias económicas, ya que en ocasiones puede suponer un desembolso superior a otras opciones, pero que no ofrecen ese "plus" que es determinante en la elección final.

Pero si bien hasta ahora se han hablado de errores matemáticos que puede llevar a cabo uno, también se pueden cometer a la hora de "interpretar" a los demás, es decir, en cuestión económica esto suele supone un flujo de bienes o servicios en donde se ha de conocer "con exactitud" cómo reaccionará el otro para poder así optimizar las operaciones financiares.

La Inteligencia Emocional ha sido un concepto de investigación recurrente en las últimas décadas, a pesar de lo cual todavía queda mucho por conocer al respecto, la cual se ha visto relacionado con la habilidad para el manejo del estrés, las habilidades sociales e incluso con aspecto de la salud.

Dentro del mundo laboral, hoy en día se considera a la Inteligencia Emocional como pieza clave y fundamental en cualquier líder, de ahí que las escuelas de negocio hagan hincapié en esta formación.

Igualmente se han encontrado que está relacionado positivamente con un mejor desempeño en el puesto de trabajo, y negativamente con el absentismo y la renuncia del puesto.

Algunos teóricos apuntan a que las personas con alta Inteligencia Emocional son capaces de conocer mejor a los demás, de ahí que sean más efectivos en las relaciones interpersonales, otorgándole cierta habilidad para conocer los puntos fuertes y las limitaciones del interlocutor, pero ¿Se ve afectada la percepción del otro por nuestra Inteligencia Emocional?

Esto es precisamente lo que se ha tratado de averiguar con una investigación realizada desde el Departamento de Administración y Empresa Internacional, Universidad de I-Shou (Taiwan) junto con el Departamento de Dirección y Gestión, Escuela de Negocios Noruega (Noruega) (Lee & Selart, 2015).

En el estudio participaron treinta estudiantes de la escuela de negocios, de los cuales once eran mujeres, con una edad media de veintitrés años.

A los participantes se les hizo pasar por una situación

controlada, donde observaba el desempeño de una persona en una tarea de resolución matemática, un Sudoku, y luego debían de valorar si esa persona podría resolver otro, pero en un tiempo limitado de tres minutos.

Se manipularon las variables correspondientes a la dificultad de la segunda tarea, la posibilidad o no de ganar dinero por acertar según su nivel de seguridad en la respuesta, y la introducción o no de una tarea distractora entre ambas tareas.

Los participantes debían de rellenar una prueba online sobre Inteligencia Emocional denominada Mayer-Salovey-Caruso Emotional Intelligence Test (M.S.C.E.I.T.).

Se comparó la ejecución de los participantes según la puntuación en el M.S.C.E.I.T., como con alta o baja Inteligencia Emocional.

Los resultados muestran que no existieron diferencias en las predicciones de la ejecución de la terea de los otros en función de la Inteligencia Emocional de los participantes.

Hay que tener en cuenta el limitado número de participantes, y que se trata de una manipulación experimental con baja validez ecológica, con lo que es probable que en una situación real se pudiese observar el fenómeno de predicción esperable.

A pesar de las limitaciones del estudio destacar lo

innovador del enfoque de esta investigación, que trata de conocer cómo la Inteligencia Emocional posibilita que la persona tenga un mejor desempeño social.

Aunque no parece que una mayor Inteligencia Emocional tenga que ver con acertar sobre las predicciones de ejecución de un tercero en una concreta tarea matemática, eso no descarta que no confiera a la persona de esa cualidad para otras tareas, de tipo más emocional.

Esto es, conocer los puntos fuertes y débiles de un interlocutor no supone saber exactamente cómo va a actuar en todas las tareas, pero sí qué tipo de compromiso y comportamiento general esperar de esa persona.

Algo que si se consigue comprobar mediante investigaciones posteriores estaría informando sobre que aquellas personas con altos niveles de Inteligencia Emocional están mejor preparadas a la hora de conocer a los demás, y de ahí la ventaja observada en las interacciones sociales.

Un último apunte sobre la Inteligencia Emocional es que, a diferencia de otras inteligencias, esta se puede mejorar con un entrenamiento adecuado, es decir, una vez que se conozcan las muchas ventajas que sobre el mundo laboral y social tiene, se puede buscar la forma de reforzar las habilidades propias y con ello mejorar la Inteligencia Emocional.

Mejorando la Didáctica de las Matemáticas

A pesar de que las matemáticas no se puede considerar como una ciencia joven, actualmente se sigue investigando cómo mejorar la docencia de las matemáticas, tanto para superar las barreras que algunos alumnos tienen sobre esta materia, como para acelerar el desempeño de los alumnos en su periodo de formación, un ejemplo de ello sería la investigación realizada desde la Universidad de Wisconsin y la Universidad del Noreste de Illinois (EE.UU.) en donde se analiza la relevancia del docente dentro del aula de matemáticas (Yeo, Ledesma, Nathan, Alibali, & Church, 2017).

En el estudio participaron ochenta y dos estudiantes de secundaria, de los cuales treinta y una eran chicas. A todos se les mostró cuatro clases de 20 minutos sobre matemáticas donde se impartía el conocimiento de las ecuaciones simples, separándolos en cuatro condiciones: clase acompañada de gráficos y gestos; clase acompañada de gráficos, pero no de gestos congruentes; clase acompañada de gestos, pero no de gráficos y clase sin gestos ni gráficas.

Previamente y con posterioridad al visionado de las grabaciones se les evaluó para determinar el nivel de aprendizaje alcanzado. Aunque en las cuatro condiciones experimentales se obtuvieron avances en cuanto al nivel de la enseñanza, se produjeron diferencias significativas, siendo la condición de no gesticulación la que menos aprendizaje provocó entre los alumnos.

Entre las limitaciones del estudio fue el emplear una serie de vídeo, y una clase en vivo, en donde además de los gestos influye otros aspectos como la entonación, la posición espacial del docente en clase,... aspectos que aprenden los profesores a manejar para maximizar el efecto del aprendizaje en sus alumnos, sabiendo que en ocasiones puede impartir la clase sentado y en otras debe de ponerse en pie, cambiar los tonos de voz y la proximidad con los alumnos, todas estas variables que no han sido contempladas en la investigación. A pesar de lo anterior, parece claro que cuanto más sea el mensaje transmitido más fácil es el aprendizaje, y además si este es ejemplificado y reforzado con los gestos del docente, será aún más efectivo. Algo que no limita los beneficios de la enseñanza virtual, pero que da idea de que esta puede ser mejorada incorporando los hallazgos de esta investigación.

Son diversas las estrategias que puede implementar el docente para tratar de superar las limitaciones de los alumnos, sobre todo en lo que respecta a su ámbito específico de las matemáticas, ya que con respecto al lenguaje general y la capacidad de comprensión lectora son otros los docentes y especialistas encargados de su entrenamiento y desarrollo.

Sobre el uso de la calculadora como "apoyo" al desempeño de las matemáticas, se ha visto que la comprensión de su funcionamiento ayuda al desarrollo del pensamiento matemático, siendo especialmente útil para la realización de las funciones básicas, considerándose innecesario e incluso contraproducente que las calculadoras puedan realizar otras funciones, ya que "sustituyen" a las capacidades del alumno, por tanto se sugiere el uso de las calculadoras más simples, no siendo adecuadas el uso de las calculadoras científicas.

Igualmente, para desarrollar la metacognición el docente puede realizar a modo de ejemplo la resolución de un problema, donde ir nombrando en voz alta cada uno de los pasos que va a ir realizando, y justificándolos, explicando porqué se realiza ese paso y no otro, hasta la finalización y obtención del resultado. Además de compartir su propia metacognición y a modo de ejercicio puede solicitar que un alumno trate de resolver un problema en voz alta, tal y como lo ha hecho antes el docente, de forma que especifique los pasos que sigue para la consecución de la resolución del problema, de esta forma el docente puede detectar en qué momento se equivoca el alumno o qué paso se ha saltado u omitido, para comentárselo y reconducirle hacia el mismo y con ello que pueda seguir los pasos establecidos lo que garantizará la resolución del problema planteado.

Hay que tener en cuenta de que en matemáticas como en otras materias, existen diversos modos de alcanzar el mismo resultado ante un problema, pero a la hora de enseñarlo, los alumnos deben de ajustarse a las indicaciones dadas, ya que sino puede que nunca lleguen a concluir el problema de forma satisfactoria. Igualmente los docentes deberán de ayudar a los alumnos a desarrollar el "sentido numérico" con el que realizar interpretaciones de datos matemáticos de forma correcta, lo que a su vez le ayudará a "leerlos" de forma adecuada cuando se presente en un determinado problema a resolver, aspecto para lo que parece que estamos genéticamente preparados más allá del sentido de las cantidades (Leibovich, Katzin, Harel, & Henik, 2017).

Si bien hasta ahora se ha hablado de tratar de compensar las deficiencias mostradas por los alumnos, también se pueden establecer políticas y acciones encaminadas a la prevención de los problemas en el manejo de las matemáticas, mediante las siguientes estrategias:

- introducir las materias relacionadas con las matemáticas poco a poco y sin prisas, de forma que le dé tiempo al alumno a asimilar bien los conceptos antes de avanzar con otros más complejos, ya que es preferible "pararse" el tiempo necesario para afianzar dicho conocimiento, que pasadas unas clases los alumnos se vean "perdidos" porque no recuerdan lo explicado con anterioridad y haya que "volver atrás" a explicarlo de nuevo.

- establecer los conceptos e ideas matemáticas de forma separada, de manera que el alumno aprenda adecuadamente de qué se trata cada uno de ellos y sea capaz de distinguirlos tanto en cuanto a su definición como en su uso correcto, aspecto que va a ayudar cuando se deba de enfrentar a una tarea de resolución de un problema, donde tenga que elegir entre varias opciones o conceptos, teniendo que seleccionar el correcto para poder llevar a cabo la tarea encomendada.

- dejar las notaciones matemáticas para cuando el concepto esté "sólidamente" establecido, ya que si se introduce demasiado pronto se puede provocar confusiones en el alumno que todavía no domina dicho concepto, lo que iría en contra de la práctica de algunos docentes que empiezan con las notaciones matemáticas, para con posterioridad tratar de explicar los conceptos representados, lo que puede provocar cierto nivel de desmotivación entre los alumnos que ven aquellas notaciones muy complicadas.

- evitar notaciones demasiado complejas, buscando siempre de simplificarlas lo más posible, facilitando así la comprensión de la misma al alumnado, ya que no se trata de que el docente "se luzca", ni muestre toda la complejidad de las matemáticas, si no de que acerque su conocimiento a un nivel que pueda ser asequible para estos, por lo que se deberá de usar las notaciones matemáticas lo más simples posibles para que estos puedan entenderlas.

- no establecer marcos demasiado específicos, como funciones o notaciones que únicamente sirven para un determinado ámbito, con lo que si el alumno no está interesado en dicha profesión lo más normal es que lo "deseche" como innecesario, en cambio si el docente expone diversos marcos donde pueden ser empleadas la misma función, el alumno aprenderá sobre la "utilidad" en esos ámbitos.

- no establecer ideas aisladas e inconexas, sin más relación con los temas precedentes y posteriores que el de pertenecer al mismo temario, en cambio el docente deberá de buscar la conexión con lo visto con anterioridad, ofreciendo cierto nivel de desarrollo de la materia, e igualmente, y dentro de las capacidades del docente sería conveniente que conectase el conocimiento que se está viendo con el que ven los alumnos en otras asignaturas, siempre que tenga alguna relación, de forma que se aumente la "utilidad" de aquello que se aprende en un ámbito diferente al de la clase de matemáticas.

Con estas estrategias se busca reducir las dificultades del aprendizaje relacionado con las matemáticas, de forma que el alumno pueda tener un "normal" desempeño, lo que va a motivarle a seguir avanzando en el conocimiento, ya que en el caso contrario se producirá la "desidia" y el aburrimiento, cuando no llega a entender de qué va lo que le explican de las matemáticas.

Algunas investigaciones han relacionado el fracaso en el desarrollo de las matemáticas con el abandono escolar, siendo este uno de los principales motivos; y, al contrario, otros estudios han encontrado que un buen desarrollo de las habilidades matemáticas en el menor se corresponde con altos niveles de desempeño a nivel académico e incluso laboral, convirtiéndose así en un "predictor" del futuro del alumno, y todo en función de su mejor o peor desempeño en matemáticas.

Hay que puntualizar que cuando un alumno no "aprovecha" las clases de matemáticas no se supone que es "culpa" suya, ya que pueden existir multitud de circunstancias, personales, de la clase o incluso de la casa del alumno que pueden estar influenciando en el correcto desempeño. En el aula el profesor, en la medida de lo posible debe tratar de reducir el impacto de las variables externas, fomentar las variables internas que juegan a favor del aprendizaje como la curiosidad, la sorpresa y la motivación; y todo ello dentro de una dinámica atractiva y sobre todo "útil" para el alumno.

Al respecto se han comprobado cómo iniciativas que se alejan de las "cuentas" abstractas en la pizarra, y que en vez de eso emplean rutinas de la vida diaria, por ejemplo, de ir a comprar algo, hace que el conocimiento aplicado sea más atractivo para el alumno, y que lo vea más "útil" que el abstracto. Es pues el docente quien debe de tratar de acercar la materia que se imparte a aspectos que puedan ser significativos y relevantes para los alumnos, de forma que despierte en ellos el interés por aquello que se expone y con ello aumentará las posibilidades de aprendizaje. Igualmente, y dentro de la "ayuda" al alumno para la comprensión de los problemas planteados y su correcta resolución habrá que tener en cuenta:

- tomar un único problema cada vez, lo más simple posible, de forma que el alumno se enfrente a una tarea que es capaz de resolver por sí mismo, ya que, si este ve dos, tres o cuatro problemas a la vez, y de una gran complejidad, lo más normal es que ni se "atreva" a enfrentarse a ello.

- transformar los problemas en notaciones matemáticas, a ser posible numéricamente, de forma que se transforme el contenido del texto de un problema en una ecuación con una incógnita, por ejemplo, aspecto que presentado así puede ser resuelto por el alumno.

- detectar los problemas de aprendizaje matemáticos cuando se produce, ya que la opción de seguir avanzando la clase la hayan comprendido o no los alumnos, no va a hacer si no provocar frustración y desmotivación entre los mismos, de ahí que el docente pueda y deba de vez en cuando evaluar para detectar problemas en la comprensión de la temática que se está explicando, para dedicarle más tiempo en caso de que se compruebe que el conocimiento no está lo suficientemente "cimentado" para seguir con nuevos conceptos.

- explicar tantas veces como sea necesario las técnicas empleadas, de forma que llegue interiorizarse por parte del alumno, para que este sepa qué es, cuándo se utiliza y cómo se hace, todo ello como parte del planteamiento de la resolución de un problema.

- emplear diversos ejemplos y formas de explicar una técnica, de manera que el alumno sepa en qué circunstancias puede ser empleado, aumentando así la posibilidad de que vea la utilidad de esta y con ello que la aprenda con mayor interés

- realizar una y otra vez diversos ejercicios para que los alumnos tengan suficiente experiencia con las notaciones y funciones matemáticas, haciendo hincapié en los pasos que se han de seguir y en cómo superar los errores que se van detectando en la ejecución de la tarea encomendada.

REFERENCIAS

Anderson, J. R. (2005). *Cognitive psychology and its implications*. Macmillan.

Fauziyah, N., Lant, C. Le, Budayasa, I. K., & Juniati, D. (2019). Cognition processes of students with high functioning autism spectrum disorder in solving mathematical problems. *International Journal of Instruction, 12*(1), 457–478. https://doi.org/10.29333/iji.2019.12130a

Godino, J. D. (2009). Categorías de Análisis de los conocimientos del Profesor de Matemáticas. *Revista Iberoamericana de Educación Matemática*, (20), 13–31.

Godino, J. D., Batanero, C., & Font, V. (2007). Un enfoque ontosemiótico del conocimiento y la instrucción matemática. *The International Journal on Mathematics Education, 39*(1–2), 127–135.

Jolles, D., Ashkenazi, S., Kochalka, J., Evans, T., Richardson, J., Rosenberg-Lee, M., ... Menon, V. (2016). Parietal hyper-connectivity, aberrant brain organization, and circuit-based biomarkers in children with mathematical disabilities. *Developmental Science, 19*(4), 613–631. https://doi.org/10.1111/desc.12399

Klein, E., Bieck, S. M., Bloechle, J., Huber, S., Bahnmueller, J., Willmes, K., & Moeller, K. (2019). Anticipation of difficult tasks: neural correlates of negative emotions and emotion regulation. *Behavioral and Brain Functions, 15*(4), 1–13. https://doi.org/10.1186/s12993-019-0155-1

Lee, W. S., & Selart, M. (2015). When Emotional Intelligence Affects Peoples' Perception of Trustworthiness. *The Open Psychology Journal, 8*(1), 160–170. https://doi.org/10.2174/1874350101508010160

Leibovich, T., Katzin, N., Harel, M., & Henik, A. (2017). From "sense of number" to "sense of magnitude": The role of continuous magnitudes in numerical cognition. *Behavioral and Brain Sciences, 40.* https://doi.org/10.1017/S0140525X16000960

Popescu, T., Sader, E., Schaer, M., Thomas, A., Terhune, D. B., Dowker, A., … Cohen Kadosh, R. (2019). The brain-structural correlates of mathematical expertise. *Cortex, 114*, 140–150. https://doi.org/10.1016/j.cortex.2018.10.009

Ullman, H., Almeida, R., & Klingberg, T. (2014). Structural maturation and brain activity predict future working memory capacity during childhood development. *Journal of Neuroscience, 34*(5), 1592–

1598. https://doi.org/10.1523/JNEUROSCI.0842-13.2014

Yeo, A., Ledesma, I., Nathan, M. J., Alibali, M. W., & Church, R. B. (2017). Teachers' gestures and students' learning: sometimes "hands off" is better. *Cognitive Research: Principles and Implications, 2*(1), 41. https://doi.org/10.1186/s41235-017-0077-0

3. PROCESOS NEURONALES DE LAS MATEMÁTICAS

Hablar de matemáticas es hacerlo de un proceso que requiere de distintas capacidades a nivel neuronal, sabiendo que, si alguna de las que participan en la misma falla o sufre de alguna deficiencia, el resultado final va a verse mermado, y, al contrario, tener especialmente desarrollada una capacidad o habilidad implicada en las matemáticas va a mejorar el desempeño final. Así, tal y como sucede para cualquier tarea, se requiere de cierto nivel de atención, memoria... Aún y con ello las peculiaridades de las matemáticas se refleja en cómo se emplean esos recursos para procesar la información y dar una solución a los problemas planteados.

Desde esta perspectiva, el desempeño en las matemáticas se podría aumentar entrenando de forma individualizada cada uno de los procesos implicados hasta que su desarrollo se evidencia en la mejora en cuanto al tiempo y la certeza de la respuesta dada en la resolución de un problema determinado. Esto no solo va a beneficiar a las matemáticas si no que lo va a hacer en cualquiera otra área en donde se emplee dicha capacidad.

Los procesos cognitivos por su parte son aquellos que permiten tratar la información sensorial, tanto externa, como interna, percibirla y analizarla, para dar una respuesta adecuada, proceso que se complica, cuando se incorporan otros como la memoria, la atención, la emoción o el aprendizaje. Cada uno de estos procesos va a ser objeto de estudio por parte de la neuropsicología, dependiendo del trauma o enfermedad que se esté analizando, así hay trastornos que van a tener una mayor incidencia sobre la atención como el Trastorno por Déficit de Atención con Hiperactividad (T.D.A.H.) u otros que su afectación principal va a ser en la memoria (Enfermedad de Alzheimer), de ahí la importancia de explorarlos para llevar un seguimiento sobre la evolución del proceso o procesos afectados, lo que informará de la evolución de la enfermedad o traumatismo.

Los procesos cognitivos son los que "dan sentido" al cerebro, y le permite desarrollarse, especializándose en distintas áreas de procesamiento, en función de la tarea que realizan, todo ello sustentado en un cerebro único e irrepetible, moldeado por la relación entre la genética y el ambiente. Las bases de estos son conocidos, tanto de los sentidos, como de las vías que estas siguen al transmitir la información hasta el cerebro, y dentro del mismo las estructuras que intervienen en su análisis en función del sentido del que provenga. Información que es procesada y elaborada si supera el filtro atencional y pasa a ser consciente, pudiendo ser reelaborado en la memoria de trabajo, aunando información ya registrada en las huellas de memoria existente, todo ello para completar el proceso de aprendizaje.

Si bien este mecanismo es común para todos, este puede variar en función del nivel de desarrollo intelectual así, desde la infancia, cuando se están desarrollando estas habilidades, se pueden empezar a observar diferencias especialmente entre los pequeños con superdotación los cuales puedan incluso llegar a presentar peores ejecuciones a nivel académico, ya que se abstraen "demasiado" o le dan "demasiadas vueltas" a los problemas planteados, intentando ofrecer soluciones para las que no está todavía capacitados y con ello pudiendo tener unas peores calificaciones que el resto de sus compañeros, que emplean las reglas aprendidas en clase, para la resolución de problemas simples sin "complicarse" más. El exponer el caso de un alumno "sobresaliente" sirve para conocer cómo son las condiciones del resto, y cómo podría mejorar su rendimiento si estos tuviesen también desarrolladas ciertas habilidades e incluso potencialidades a nivel neuronal.

Hay que tener en cuenta que las vivencias que tenemos durante la infancia van a marcar en buena medida cómo nos relacionamos con los demás y con nosotros mismos el resto de la vida, por lo que a estos pequeños con superdotación habría que prestarle especial atención para que tuviesen un contexto enriquecedor, donde desarrollar su potencialidad de forma segura, pero sobre todo donde dar la posibilidad de ser persona en función de su edad, sin someterle a presiones que no le corresponden.

Algunas teorías contemplan que se trata del mismo proceso cognitivo que tendría cualquier persona, pero está sobre-optimizado, es decir, el funcionamiento a nivel neuronal y cognitivo, desde que se le asigna la tarea, hasta que se resuelve, va precisar de focalizar la atención, asignación de recursos, búsqueda de solución, descartando las alternativas, corrigiendo y redefiniendo posibles soluciones, hasta la resolución final, pero en el caso de la superdotación, cada uno de estos pasos de forma individual y en conjunto, está optimizado tanto en velocidad de procesamiento, como en eficacia, siendo para ello destacados tres procesos, la inhibición, la memoria de trabajo y la flexibilidad.

- Con respecto a la inhibición, esta tiene que ver con la capacidad de postergar procesos ajenos a la resolución de la tarea actual, de forma que se dispongan de cuantos más recursos atencionales posibles para la consecución del objeto marcado, lo cual se expresa en altos niveles de concentración que llevan a la persona a "aislarse" del medio ambiente, mientras está tratando de resolver un problema. La falta de optimización de este recurso conlleva que la persona se distraiga, esté pensando en "otras cosas", o que no preste toda la atención a la tarea encomendada. Esta inhibición puede expresarse en tres niveles, a nivel motor, atencional o conductual, cuantos más niveles estén implicados en la tarea cognitiva mayor va a ser la disponibilidad de recursos. Una alteración del sistema inhibitorio atencional se puede observar en el trastorno de la esquizofrenia, donde la persona es incapaz de distinguir, entre estímulos relevantes e irrelevantes, relacionado con un déficit en las áreas cerebrales medias y anteriores.

- Con respecto a la memoria de trabajo, se denomina a esta, el empleo actual de la información disponible, proveniente tanto de las sensaciones y percepciones que se captan y que constituyen la memoria a corto plazo, como de la información almacenada a largo plazo. Todo lo cual permite la manipulación de dicha información para la realización de tareas óptimas, siendo indispensable para la planeación, el razonamiento y la toma de decisiones. La falta de optimización de la memoria de trabajo impide que se tenga acceso a toda la información relevante para el caso, o que la manipulación que se haga de ella sea incompleta, evitando así poder ofrecer una solución óptima, ante la demanda externa o interna. La memoria de trabajo está sustentada en la corteza frontal, además de con la memoria episódica, la ordenación temporal del recuerdo y la metamemoria; y en el córtex prefrontal, a través de la cual se integra información proveniente de otras áreas.

- Con respecto a la flexibilidad cognitiva o shif-ting, es la capacidad para afrontar dos o más puntos de vista a la vez, pudiendo evaluarlos, compararlos y determinar cuál es más óptimo para la resolución de tareas. La falta de flexibilidad cognitiva impide a la persona tener una visión amplia y enriquecida de la información, conllevando un pensamiento "pobre" en posibilidades, lo que impide alcanzar una solución óptima. Siendo incapaz de cambiar de pensamiento o conducta, a pesar de que esté resultando ineficaz y a pesar de ello persevera.

Algo que se ha observado en casi un tercio de los pequeños, con trastorno por déficit de atención, cuyos estudios con magnetoencefalografía (MEG) de sujetos mientras se enfrentaban a la resolución de la prueba de Clasificación de Tarjetas de Wisconsin (WCST) han indicado que las áreas implicadas en esta falta de flexibilidad cognitiva se encuentran en el cíngulo anterior y en la corteza prefrontal dorso lateral ambos del hemisferio izquierdo. Todo ello permite acceder a un mayor nivel de creatividad en la resolución de tareas, empleando para ello dos tipos de modelos de pensamiento, el convergente y el divergente, el primero más relacionado con la memoria de trabajo, mientras que el segundo requiere en mayor medida de la inhibición y la flexibilidad de pensamiento.

Las ventajas entre los más dotado no son evidentes en todas las tareas, pues en aquellas que requieran de pocos recursos atencionales, mnémicos y de una escasa flexibilidad mental, no tienen por qué existir diferencias en cuanto a la ejecución con respecto al resto de las personas. Quizás la única diferencia pueda venir en cuanto a la rapidez de la respuesta ofrecida, pero será igualmente válida a la que puede dar cualquiera. En cambio, cuando la complejidad de la tarea aumenta, donde se requiere de una mayor concentración, mayores recursos mnémicos y flexibilidad mental, es cuando las ventajas neuronales y de aprendizaje que tienen las personas especialmente dotadas, van dejando en evidencia notables diferencias, pudiendo llegar a soluciones que no se le ocurriría a otro, en un menor tiempo y con una mayor precisión, después de haber descartado alternativas no viables, y optimizado la resolución final.

Si bien hasta ahora se ha comentado sobre las bases neuronales de los procesos básicos de las matemáticas con la determinación de cantidades y operaciones simples como la suma, resta o multiplicación, esto abarca una mínima parte del pensamiento algebraico, en el intervienen procesos cognitivos como la memoria de trabajo, además se ha podido identificar otras áreas implicadas como la corteza prefrontal asociada al acceso de la información y áreas asociativas sensoriales donde "mantener" la información necesaria para ser manipulada.

Las matemáticas requieren pues de una base neurológica sobre la que sustentarse, además de intervenir proceso como la neuroplasticidad y la neurogénesis que explicarían cómo se puede desarrollar la misma, pero esto sólo daría cuenta de una parte del desarrollo, ya que la interconexión neuronal únicamente tiene sentido si se "ejercita" y se mantienen las conexiones estables y duraderas en el tiempo, es ahí donde entra en juego el papel de la educación.

El hipocampo por ejemplo que es la "base de la memoria" entra en funcionamiento cuando se requiere que el alumno de una respuesta rápida y acertada sobre un aspecto matemático, pero este no requiere ningún tipo de procesamiento, si no únicamente el recuerdo de algo aprendido, tal y como son los resultados de la tabla de multiplicar.

Es cierto que tal y como sucede con los casos del "niño salvaje", que el pequeño puede tener un concepción "natural" de los números y las cantidades, pero igualmente es cierto que el desarrollo "posterior" al que se puede alcanzar después de una infancia "privada" de matemáticas es muy inferior al del resto de sus compañeros, y eso a pesar de los muchos esfuerzos por parte de los pedagogos.

Por tanto, aunque no se pueda hablar de una edad crítica para aprender matemáticas, sí que se puede decir que si las bases sobre las que se sustenta este conocimiento se adquiere durante la infancia, se podrán alcanzar mayores metas al respecto.Pero si bien hasta ahora se pensaba que eso era todo lo que se podía hacer, se descubrió que dicho proceso puede mejorarse gracias a las intervenciones pedagógicas.

Las ciencias exactas que incluyen física, química o matemáticas suelen ser más difíciles para el alumnado, especialmente las matemáticas durante la infancia e incluso la universidad, creando en alumnos casos hasta "aversión" por la asignatura.

Muchas investigaciones han tratado de analizar los motivos de esta aversión y se han dado cuenta que intervienen factores motivacionales, al verse incrementada la dificultad año por año, lo que requiere de un mayor esfuerzo por el alumno, no sólo para afrontar la nueva lección si no por recordar y mantener todo lo aprendido sobre lo cual se basa.

A pesar de lo cual se ha observado cómo "mejorando" la didáctica de la clase, acercando las teorías y teoremas abstractos a ejemplos prácticas de la vida, se ha comprobado cómo los alumnos responden mejor a la clase, al ver cierta "utilidad" a los cálculos, probabilidades e incluso integrales, pero ¿Se puede mejorar la ejecución en ciencias exactas mediante la metacognición?

Esto es lo que ha tratado de averiguarse con una investigación realizada desde la Universidad Negeri Makassar (Indonesia) (Abdullah, 2018). En el estudio participaron treinta y cinco estudiantes universitarios, a la mitad de los cuales se les administró una técnica de reforzamiento de la metacognición basada en preguntas (Known-Asked Strategy - KAS) mientras que a la otra mitad se les entrenó para que reflexionaran sobre sus propias estrategias a la hora de afrontar las tareas (Knowledge Sketch Strategy – KSS).

Los resultados muestran diferencias significativas en la ejecución de los alumnos cuando se aplicaba una técnica basa en estrategias sobre la técnica basada en las preguntas.

Entre las limitaciones del estudio se encuentra que no ha separado los resultados en función del género, ni en función del nivel de inteligencia, aspectos que pueden influir en un mayor aprovechamiento o no de las técnicas anteriores. Igualmente no se ha llevado a cabo un seguimiento en cuanto el tiempo en que los efectos positivos se mantienen, por lo que se precisa de nueva investigación al respecto.

A pesar de lo anterior, queda claro que cualquier tipo de intervención por mejorar la capacidad de pensar de los alumnos sobre las materias de las ciencias exactas va a ayudarles en su desarrollo, es decir, reforzando la metacognición.

Aunque cuando se usa este reforzamiento suele realizarse mediante preguntas por parte del docente, a veces sin esperar respuesta de los alumnos, pero que les sirve para pensar sobre en dónde han fallado, es decir, el sistema más común que se emplea en las clases es el de Known-Asked Strategy – KAS.

En cambio estos resultados apuntan que a pesar de los evidentes beneficios del Known-Asked Strategy – KAS estos pueden mejorarse si se cambian la forma de entrenar la metacognición empleando el Knowledge Sketch Strategy – KSS, donde se hace pensar a los alumnos sobre qué estrategias están disponibles a la hora de resolver un problema, cuál serían más convenientes y cuáles no, y qué problemas pueden presentarse. Todo ello va a ayudar a desarrollar el pensamiento autónomo del alumno a la hora de afrontar los problemas, y por ende mejora su ejecución futura.

Algunos autores han encontrado efectos positivos en el aprendizaje de las matemáticas en cuanto se reducía el nivel de estrés asociado a dicha asignatura, dejando de ser una situación ansiosa a una clase agradable y motivante.

Igualmente se han desarrollado técnicas de aprendizaje de las matemáticas apoyado en la música, por ejemplo a través del método Kodaly el cual permite aprender más rápidamente las fracciones a los estudiantes basado en el conocimiento de las notas musicales.

Una de las fuentes de información más importante con respecto a la relación entre el cerebro y las matemáticas es ofrecido por aquellas personas que tenían desarrolladas sus habilidades matemáticas y por algún motivo la han perdido, ya sea por lesión o enfermedad, dando lugar a la acalculia o la discalculia, lo cual provoca la pérdida parcial o total de algunas capacidades y habilidades relacionadas con las matemáticas.

Así históricamente se han recogido casos de lesionados incapaces de contar, otros que no podían "leer" los números; otros incapaces de recordar fechas,... en función de la región o área afectada.

Estos trastornos se pueden clasificar en primarios o secundarios, según sean la patología directamente asociada al pensamiento matemático o la consecuencia de otra patología, como en el caso de pacientes con lesiones en los ganglios basales, con problemas para la resolución de problemas matemáticos que requieran de varios pasos.

Así y siguiendo a Butterworth se ha observado problemas en el proceso del conteo en humanos asociado a posición corporal (orientación) y el control de acciones y representación del cuerpo (número de dedos empleados para contar) todo ello asociado a una lesión en el lóbulo parietal izquierdo.

Igualmente, aunque todavía no está claro las bases genéticas que lo sustentan, se han observado problemas matemáticos en menores en desarrollo, los cuales han sido asociados con una menor densidad de la sustancia gris en el lóbulo parietal izquierdo.

La Atención y El Cerebro Matemático

La atención es aquel proceso que permite captar un determinado estímulo para poder responder adecuadamente al mismo, a medio camino entre la sensación y la percepción, se hace imprescindible su mediación, ya que si no se atendiese a las sensaciones estas nunca pasarían a convertirse en percepciones y por tanto no se tomaría conciencia de ello. Pero la atención juega además un papel de focalización en aquello que se está interesado y motivado, centrándose en ella, "olvidando" el resto de la estimulación ambiental e interna.

La atención es un proceso cognitivo "intermedio" entre las sensaciones y la toma de conciencia, que permite seleccionar y focalizar la información relevante de la irrelevante, concentrando los recursos al procesamiento de eventos significativos. La atención por tanto sirve de "filtro", para seleccionar aquella información "interesante" del resto; tomándose conciencia únicamente de lo relevante, y "olvidándose" al poco de toda la estimulación que no tiene sentido recordar. Por ejemplo, si andamos por una calle más o menos concurrida, a los tres minutos nos habremos cruzado con una veintena de personas, de las cuales, de alguna, podremos decir qué llevaban puesto, su color de cabello, o alguna otra peculiaridad, pero pasada media hora o una hora, aquella información se habrá perdido. En cambio, si vemos a un buen amigo del que hace tiempo que no tenemos noticia, esa información permanecerá mucho tiempo, incluso años.

A pesar de que este es un proceso automático, por el cual, el cerebro va seleccionando lo relevante, este puede ser "modificado" a voluntad, mediante la focalización y concentración de la atención, de forma que se atienda a una conversación, un artículo en el periódico o la noticia que están dando en la televisión; pudiéndose llegar a afirmar que la atención es una cualidad de la percepción, es decir, para que una sensación (gusto, olfato, oído, vista y tacto) llegue a ser percibido, debe de haber superado el filtro atencional, quedando fuera de la percepción todo aquello que no lo supera. Igualmente, la atención es considerada, como un mecanismo de control voluntario, en donde se puede desatender aquello que se considera irrelevante y atender a la estimulación a voluntad, sea esto relevante o no para la persona.

A pesar de que implican funciones diferentes, también se suele equiparar la atención con el estado de alerta, influyendo uno sobre el otro, así si una persona tiene un estado de alerta bajo, por ejemplo, por cansancio, el nivel atencional también se verá reducido; y, al contrario, si alguien focaliza su atención en un estímulo considerado "peligroso" esto va a aumentar el estado de alerta.

El sistema cerebral está basado en un limitado número de recursos, de ahí que se precise de un filtro para determinar qué estímulos son relevantes y cuáles redundantes, y por tanto no se requiere prestarle la mayor atención. Este proceso de selección de estímulos es automático, y no requiere de toma de conciencia, hasta que los estímulos se convierten en relevantes, pero dicho proceso puede ser modulado mediante la voluntad, focalizando la atención hacia algún aspecto concreto.

Hay que tener en cuenta que existen determinados componentes de la estimulación que pueden "atraer" la atención, tal y como la intensidad (un ruido grande), la sorpresividad (que sea inesperado) o la rapidez (los estímulos "lentos" suelen considerarse irrelevantes), lo que puede explicarse debido a una reminiscencia de nuestros antepasados que requerían de ello para evitar los peligros y así garantizar su supervivencia, dándose cuenta de cuándo venía un depredador y con ello poder emprender la huida o hacerle frente. Son diversas las características de la atención entre las cuales se pueden destacar:

- la amplitud, que hace referencia a la cantidad de información que es capaz de atenderse simultáneamente.

- la selectividad, por la cual se selecciona, atender un determinado estímulo en detrimento de otros, para lo que se establecen jerarquías, prioridades y filtros de información.

- la intensidad, que se refiere a la "cantidad" de atención que se dedica a una actividad o tarea.

- la flexibilidad, que da cuenta de la capacidad de cambio de foco de atención de un estímulo a otro en un tiempo determinado.

No hay que olvidar que la atención supone una actividad neuronal, y basado en el sistema de recursos limitados, esto va a ir en detrimento de otras tareas, de ahí que cuando uno está concentrado, puede desatender a otros estímulos, ya sean internos o externos, por ejemplo, no escuchar el teléfono sonar, o no se "acuerda" de que es la hora de comer.

En cuanto a las bases neuronales de la atención hay que indicar que el primer filtro que ha de pasar la estimulación antes de llegar a convertirse en percepción es el Sistema Activador Reticular Ascendente (SARA) situado en el tronco cerebral y responsable de dar paso a la información hacia el tálamo. Con respecto a las vías de la atención y siguiendo las aportaciones de Posner se puede distinguir entre:

- la atención como estado general de alerta del organismo, en las que estaría implicado el locus coeruleus, donde participan también áreas frontales y parietales del hemisferio derecho.

- el sistema atencional posterior, donde se orienta la atención y conciencia a la información sensorial, lo que involucra a los lóbulos parietales posteriores y el tálamo, junto con los colículos superiores mesencefálicos

- el sistema atencional anterior, implicado en tareas complejas cognitivas, empleando para ello tanto, información sensorial, como la memoria, donde se ven implicadas las áreas mediales frontales de la corteza, el área cingulada anterior, la motora suplementaria y los ganglios basales.

A pesar de que no existe una relación directa entre el nivel de inteligencia y la atención, algunos estudios informan sobre que la maduración y la mayor mielinización de los lóbulos frontales a edades más tempranas en la superdotación, facilita la mejora del sistema de activación e inhibición de la atención selectiva. Lo que permite poder tener una mejor atención y concentración en las tareas encomendadas, y a la hora de seleccionar los estímulos a una mejor inhibición de los estímulos irrelevantes; un proceso que, optimizado, facilita el ahorro de recursos por parte del sistema, mejorando así la capacidad de procesamiento de la información, evitando así la sobre estimulación, y el colapso del sistema, tal y como les sucede a los pacientes con esquizofrenia.

Con respecto a la atención ejecutiva necesario para mantener la atención en las tareas que requiere del seguimiento de una serie de pasos hasta la consecución del objetivo, tienes su base en la corteza cingulada anterior. Estando localizada la función de la atención entendida como estado de alerta tónico o fásico en el tálamo y la corteza frontal y parietal. A pesar de lo anterior se ha podido comprobar cómo algunas sensaciones tienen mecanismos propios de atención, pudiéndose hablar de atención visual, atención auditiva… así la atención visual va a conllevar movimientos de orientación y de búsqueda de "fuentes" del origen de la estimulación involucrando la región superior e inferior del lóbulo parietal, las áreas frontales de la visión y subcorticales como el colículo superior, el núcleo pulvinar y el reticular del tálamo.

Pero incluso se ha comprobado que para determinadas materias también se encuentran involucrados mecanismos especializados como en el caso de la atención matemática, en donde interviene el sistema bilateral parietal posterior-superior que permite la orientación espacial y no espacial en el sistema de representación mental de las cantidades.

Por su parte la atención sostenida da cuenta del interés del alumno por la asignatura o la materia impartida, siendo esta de mayor duración cuanto más interesado esté el estudiante, y muy breve si considera que se trata de "un rollo". Esta atención puede ser "recuperada" activando a los estudiantes, haciéndolos levantar de sus pupitres, con lo que ayuda a "oxigenar" el cerebro pudiendo así volver a su actividad "más despiertos" y receptivos a la información; algo que también se consigue con la incorporación de algunos ejercicios físicos que se pueden realizar en el aula, sin necesidad de acudir al gimnasio o al patio para ello.

Hay que tener en cuenta, que existen otras variables que van a incidir en la atención general o el estado de alerta del estudiante, tal y como la alimentación, la higiene del sueño o la propia hora de clase. Así se ha observado que un desayuno escaso o incluso ir a clase sin desayunar provoca que el estudiante no pueda concentrarse al mismo nivel que el resto y por tanto su desempeño sea inferior.

Lo mismo sucede si el estudiante no duerme lo suficiente, tanto en cantidad como en calidad, con lo que al día siguiente va a estar con un estado general decaído y con falta de atención debido al abatimiento propio del sueño, aunque en otros alumnos, esa falta de sueño puede expresarse en inquietud e irritabilidad, en ambos casos, va en detrimento de la atención del rendimiento del estudiante.

Por último, la hora de la clase se ha comprobado cómo afecta al estado general de la alerta del estudiante, así, si esta se imparte "demasiado pronto" o "demasiado tarde" va a provocar que el nivel atencional esté reducido y por tanto se pueda distraer con facilidad, lo que se puede expresar en estar atentos al reloj para saber cuándo acaba la clase.

La Metacognición en las Matemáticas

La metacognición se puede considerar un proceso superior de la cognición, es la capacidad de la persona, de darse cuenta de cómo funcionan las "cosas", es decir es un paso más allá de la toma de conciencia de uno mismo, ya no se trata de analizar y procesar la información externa, recogida a través de los sentidos, si no de pensar sobre el propio pensamiento, o sobre cómo funciona nuestra memoria.

Aspectos que lejos de ser un campo exclusivo de filósofos y pensadores, es algo que todos vamos desarrollando a lo largo de la vida, creando "teorías" sobre cómo pensar, razonar o memorizar. En la medida en que estas metacogniciones sean "correctas", así se verá fomentada nuestra capacidad de pensar o memorizar, ya que actúan como guías de nuestro pensamiento o de cualquier otro proceso cognitivo.

Si existe un desajuste en la metacognición, eso va a entorpecer la resolución correcta de tareas, así como a dificultar un desempeño óptimo, es decir, si las reglas que usamos no son las adecuadas, es difícil que eso vaya a llevarnos a un "correcto" fin. Entre las características de las metacogniciones, es que se van desarrollando con la experiencia y el propio aprendizaje de cómo funcionan, lo que permite ir mejorando el sistema y con ello posibilitando ofrecer una respuesta más acertada. El inconveniente es, que cuando se malogra el desarrollo de la metacognición, esto va a crear problemas en los nuevos aprendizajes y en las posibilidades de desarrollo del individuo, siendo necesario una "reeducación" al respecto, para compensar las deficiencias.

La metacognición tradicionalmente ha sido considerada como una capacidad exclusiva del ser humano, que consiste en pensar sobre los propios pensamientos, en concreto sería la capacidad de reconocer, controlar, pulir y evaluar los propios procesos cognitivos. Igualmente se considera, que el nivel de desarrollo de la metacognición es independiente a la capacidad intelectual, entendida esta, como la facilidad del cerebro para la formación de nuevas conexiones neuronales, encaminadas a comprender y aplicar conocimientos nuevos.

Así se pueden encontrar personas con alta capacidad metacognitiva y baja capacidad intelectual, y al revés, personas con alta capacidad intelectual y baja capacidad metacognitiva. A diferencia de las capacidades intelectuales que tienen una base genética importante, la metacognición depende exclusivamente del aprendizaje y por tanto puede desarrollarse independientemente del nivel intelectual que se posea, de ahí la relevancia en la educación, debido a su capacidad de moldearse y entrenarse.

La metacognición permite hacerse consciente de lo que uno sabe, y de cómo se debe usar en la resolución de algún conflicto, conociendo las fortalezas y debilidades propias, lo que permite realizar nuevos planteamientos en pro de mejorar los aprendizajes, perfeccionando, superando así las dificultades que se presenten. Aunque actualmente se entiende que no existe una única metacognición, si no múltiples metacogniciones, en función del área de análisis, así se puede hablar de la metamemoria, el metapensamiento y la metalingüística.

-En el primer caso, la metamemoria, que se refiere al pensamiento sobre cómo funciona el proceso de registro y recuperación de la memoria, así como el fenómeno de la punta de la lengua.

-En el metapensamiento, que consistiría en pensar sobre el propio pensamiento, incluyendo una reflexión sobre su naturaleza y control, si se restringe al pensamiento lógico se denominaría metalógica, que incluiría el contenido explícito, la inferencia implícita, la lógica explícita, y la metalógica explícita.

-En la metalingüística, que sustituye a lo que fue originariamente el metalenguaje que se dedicaba a la reflexión y control de los componentes lingüísticos, ya sea sobre la fonología, la sintaxis, la semántica o la pragmática.

Por tanto, se está hablando de una diversidad de metacogniciones, donde cada una se desarrolla de forma independiente y dentro de cada una, separada en diversos componentes que a su vez se pueden profundizar o no en su pensamiento, por lo que puede que una persona tenga una metalingüística muy desarrollada en aspectos de la sintaxis, mientras que otra lo tenga en el metapensamiento en aspectos de la lógica explícita.

Con respecto a sus bases neurológicas, hay que tener en cuenta, que se trata de un proceso superior y por tanto están implicados el resto de los procesos cognitivos, por lo que va a sustentarse en las bases neurológicas de estos procesos básicos, como la atención, la percepción o la memoria entre otros. Así la lesión en las áreas neurológicas, de alguno de estos procesos básicos, va a tener una incidencia directa sobre la metacognición, especialmente sensible en el caso de la memoria, ya que la construcción de la metacognición se hace sobre aprendizajes previos, y sin memoria, estos no se podrían "sostener".

El que se tengan "intactas" las capacidades cognitivas básicas, no garantiza el desarrollo de la metacognición, ya que este requiere de un cierto nivel de práctica y entrenamiento, donde los aprendizajes previos y sus consecuencias, van a dirigir las nuevas "deducciones" metacognitiva, perfeccionando las teorías que hasta ese momento se manejan. Una falta de experiencia o una baja capacidad de reflexión y análisis van a tener como consecuencia un escaso desarrollo de la metacognición, a pesar de contar con el resto de las capacidades cognitivas intactas. Estos programas orientados al desarrollo de la metacognición suelen mantener una estructura de cinco pasos:

- Identificar el problema, definirlo y auto preguntarse sobre ello, haciendo explícita las cuestiones importantes.

- Focalización de la atención en el problema planteado, empleando para ellos preguntas y respuestas donde explorar las distintas posibilidades.

- Empleo de reglas para planear acciones, basadas en las posibles soluciones alcanzadas.

- Observar las consecuencias y aprender de los errores cometidos para mejorar las ejecuciones futuras, pensando sobre en qué momento del proceso de la metacognición se ha fallado.

- Autoevaluación del proceso de metacognición y autorefuerzo en el caso de que se haya alcanzado una solución adecuada al problema planteado.

Estas estrategias con sus pertinentes modificaciones se pueden usar para aprender a estudiar, aprender a memorizar o a aprender a leer entre otros. Además de emplearse estas técnicas en la potenciación y mejora de las distintas capacidades, estas se pueden usar en la reeducación, ante las necesidades educativas especiales, ya sea el caso de personas con un C.I. bajo, con dificultades de aprendizaje o con T.D.A.H.

Desde el paradigma emergente, que considera que las potencialidades de la superdotación, otorgadas por una genética privilegiada, pueden ser optimizadas gracias a un ambiente estimulador, unos rasgos de personalidad adecuados y el esfuerzo de la persona. Aspectos que parecen mostrarse ya desde la infancia, tales como el del control de la metacognición, para definir, focalizar, corregir, persistir, guiar, redefinir y resolver los problemas planteados.

Un factor fundamental para el desarrollo de la metacognición es precisamente la capacidad de regular esta, es decir, lo que se denomina calibración o conciencia metacognitiva, que permite al individuo la autorregulación y el aprendizaje, lo que posibilita reducir el número de errores futuros, ya que se aprende de los errores y las causas metacognitivas que los han desencadenado. La falta de desarrollo del control metacognitivo provoca en los menores la postergación de las actividades, bajo rendimiento, indecisión y rigidez de pensamiento. De ahí la necesidad de evaluar y potenciar esta capacidad entre los menores, especialmente entre los que tienen superdotación, ya que, si este va a tener un papel relevante en el desempeño académico de todos los alumnos, aún más va a ser su influencia en los que tienen mayores capacidades, ya que este desarrollo, se combinará con la potencialidad, personalidad y constancia del menor, lo que ayudará a conseguir metas más elevadas.

La falta de una evaluación adecuada, o de un programa de estimulación convenientemente diseñado, puede dejar "a su suerte" el desarrollo de esta capacidad, dando como consecuencia, que el pequeño no alcance su potencialidad, simplemente por no haber recibido el entrenamiento adecuado, en cuanto al control de su metacognición. Hay que tener en cuenta las implicaciones de la metacognición en la memoria o el pensamiento entre otros, y su afectación va a influir en el desempeño de las funciones implicadas. Aunque se puede creer, que cuando ya está desarrollada la capacidad de saber pensar, o cómo memorizar, esto va a permanecer para siempre con la persona, pueden presentarse dificultades, tanto por alteraciones en la memoria u otras regiones cerebrales implicadas, apareciendo en el adulto problemas que hasta ese momento no tenía. Pudiéndose llegar a asemejar la metacognición con el ejecutivo central, ya que cuando se ve afectado este segundo, la metacognición presenta dificultades. A pesar de lo cual es posible jerarquizar las funciones cognitivas, estableciendo que la metacognición estaría en la cúspide de la pirámide, que afectaría tanto a los procesos conscientes, como los automáticos, por lo que no se limitaría al ejecutivo central, igualmente afectaría, a la atención, a la memoria o a la motivación entre otros.

Cuando se producen alteraciones o retrasos, en el desarrollo de la metacognición en menores, esto va a ir en detrimento de su ejecución académica, mostrando un déficit en las tareas propuestas, debido a que requiere de un mayor tiempo en resolverlas, y de que suele repetir los errores presentados. Esto es así ya que uno de los procesos más importantes de la metacognición, es en cuanto a la optimización del sistema, permitiendo detectar errores y buscar soluciones para no volverlos a cometer.

Dominios del conocimiento como las matemáticas que pueden entrenarse a nivel de la metacognición, lo que permite un aprendizaje optimizado de la materia en cuestión, al conocer cómo se debe de pensar al respecto. La metacognición por tanto consiste en un proceso de pensar sobre el propio pensamiento para hacerse consciente de los pasos que se llevan a cabo en la resolución de una tarea, así como en los posibles defectos y fallos que este proceso pueda tener; por tanto, se puede hablar de una metacognición por cada uno de los procesos cognitivos e incluso de los dominios tal como en el caso de las matemáticas.

Si bien las metacogniciones se desarrollan de forma natural basado en procesos deductivos e inductivos, esta puede ser entrenada y mejorada gracias a un experto que es capaz de compartir su propia metacognición facilitando de esta forma el proceso al alumno, a la vez que le permite ver en dónde puede fallar las deducciones del alumno y cómo mejorar, para ello el docente puede emplear diversas estrategias metacognitivas, como:

- la resolución de problemas, con pequeñas investigaciones, para facilitar el empleo del lenguaje matemático, la formulación de hipótesis y propuestas de solución.

- las preguntas cortas a contestar por escrito, encaminada a resolver problemas cualitativos o a analizar un determinado proceso.

- realizar tareas de actividades de materialización, con lo que comparar los aprendizajes matemáticos, como ecuaciones, con la realidad.

- autopreguntas del docente sobre la resolución de un problema, con la que expresar en voz alta, las dificultades del problema, la secuencia empleada y la búsqueda de la solución con lo que compartir su metacognición.

- formulación de cuestiones por parte del alumno, con

lo que tiene que sistematizar la información relevante, representándose mentalmente el contenido aprendido.

Este sería un ejemplo, de cómo se puede emplear distintas estrategias metacognitivas, para facilitar el aprendizaje de una determinada materia, como son las matemáticas, sabiendo que en un principio este proceso sería supervisado y guiado por el docente, pero que su práctica va a permitir omitir la ayuda externa, al haber interiorizado dicho proceso y con ello desarrollado la capacidad de control metacognitiva.

En esta misma línea se está trabajando actualmente desde distintas instituciones para comprobar cómo afecta la mejora de la didáctica en el desempeño de la matemáticas, tal y como se plantea desde la Universidad Negeri Makassar (Indonesia) (Abdullah, 2018) quienes realizaron un estudio donde participaron treinta y cinco estudiantes universitarios, a la mitad de los cuales se les administró una técnica de reforzamiento de la metacognición basada en preguntas (Known-Asked Strategy - KAS) mientras que a la otra mitad se les entrenó para que reflexionaran sobre sus propias estrategias a la hora de afrontar las tareas (Knowledge Sketch Strategy – KSS).

Los resultados muestran diferencias significativas en la ejecución de los alumnos cuando se aplicaba una técnica basa en estrategias sobre la técnica basada en las preguntas, dejando claro que cualquier tipo de intervención por mejorar la capacidad de pensar de los alumnos sobre las materias de las ciencias exactas va a ayudarles en su desarrollo, es decir, reforzando la metacognición. Aunque cuando se usa este reforzamiento suele realizarse mediante preguntas por parte del docente, a veces sin esperar respuesta de los alumnos, pero que les sirve para pensar sobre en dónde han fallado, es decir, el sistema más común que se emplea en las clases es el de Known-Asked Strategy – KAS.

En cambio, estos resultados apuntan que a pesar de los evidentes beneficios del Known-Asked Strategy – KAS estos pueden mejorarse si se cambian la forma de entrenar la metacognición empleando el Knowledge Sketch Strategy – KSS, donde se hace pensar a los alumnos sobre qué estrategias están disponibles a la hora de resolver un problema, cuál serían más convenientes y cuáles no, y qué problemas pueden presentarse. Todo ello va a ayudar a desarrollar el pensamiento autónomo del alumno a la hora de afrontar los problemas, y por ende mejora su ejecución futura.

Con respecto a la evaluación de este proceso de pensamiento se hace difícil para comprobar el nivel de desarrollo alcanzado, por lo que se emplean medidas indirectas, como los informes verbales, donde se les pregunta a los alumnos sobre las estrategias cognitivas que se emplea, la observación en momentos de habla egocéntrica o de expresión del pensamiento en voz alta, o el empleo de pruebas estandarizados como la batería evolutiva de la metamemoria de Borkowski; el cuestionario sobre metamemoria y envejecimiento de Dixon y Hultsch; la escala de control de la acción de Khul; el inventario LASSI de Weinstein para la metacognición relacionada con el aprendizaje, y la entrevista sobre la consciencia lectora de Paris y Jacobs.

Una persona que tenga altos niveles de desempeño en su metacognición le será más fácil darse cuenta de los procesos matemáticos que aborda y en el caso de "fallar", averiguar en qué momento se ha producido. Pero para llegar a ello el adolescente ha tenido que pasar todo un proceso en el que empleaba su "instinto matemático" o conocimiento matemático instintivo, equivalente al que usan los animales para detectar cambios de cantidades, e incluso aproximaciones en los resultados de las operaciones más básicas como las sumas.

A medida que se va teniendo experiencia y conocimiento se va a ir desarrollando el pensamiento matemático, enriqueciéndose con el lenguaje matemático, lo que implica un gran nivel de abstracción y desarrollo de la memoria de trabajo. Así es posible realizar grandes cálculos sin necesidad de soportes físicos como hoja y papel, algo que puede ser entrenado y mejorado con la práctica.

Pero el pensamiento no se trata únicamente del tamaño de la memoria de trabajo, sino también de la velocidad de procesamiento, siendo "eterno" el tiempo que tarda un aprendiz en comparación con un experto. Y todo ello supervisado por el ejecutivo central que se encarga de asignar recursos para el desempeño, siendo habitual que los expertos puedan llegar a abstraerse del ambiente donde se encuentra, mostrándose "ensimismados" en sus pensamientos y cálculos, sin atender a la estimulación externa, debido a que el ejecutivo central a designado "todos" los recursos disponibles a dicha tarea.

Tanto la metacognición como la memoria de trabajo y la atención focalizada pueden ser entrenadas, y potenciadas con una educación adecuada al respecto. No sucede lo mismo con la velocidad de procesamiento, que, aunque es cierto que el sistema va "mejorando" a medida que se va entrenando y ejercitando, existe un límite biológico por el cual unos van a ser más rápidos que otros, a pesar de que ambos puedan entrenarse a la vez.

Este aspecto es lo que diferencia por ejemplo en el caso de las personas con altas capacidades dotadas para las matemáticas con el resto de las personas, lo que equivaldría a tener un mejor "cableado" en cuanto a velocidad de procesamiento por lo que la resolución de las actividades se llevan a cabo en un menor tiempo, liberando así recursos para la memoria de trabajo u otras actividades que a su vez van a permitir realizar un mayor número de cálculos sin "colapsar" el sistema.

LA MEMORIA Y SU RELACIÓN CON LAS MATEMÁTICAS

La memoria es uno de los procesos cognitivos más estudiados, debido a sus implicaciones en otros como la percepción, el lenguaje o el aprendizaje, ya que sin memoria no se podría conocer qué es lo que se siente, más allá de recibir la información visual o auditiva, por ejemplo; igualmente no se sabría articular palabra, no porque existiese ningún problema en las vías motoras, sino porque no se sabría qué decir, más allá de emitir sonidos sin sentido; y por último, no se puede aprender sin memoria, ya que sin ella, cada día sería como el primero de clase, a la expectativa de un conocimiento del que mañana no se acordará.

La memoria pues es un proceso fundamental a la vez que complejo, ya que va a cumplir funciones de registro, codificación, consolidación, relacional, de acceso y recuperación de la información. A pesar de hablar de "la memoria", esta no es unitaria existiendo diferencias en cuanto a la función y el sustrato en el que se sustenta dependiendo del tipo de estimulación percibida o recordada.

Un proceso que no es independiente de otros como la atención o la emoción; donde la primera influye a la hora de seleccionar la información, registrar o recuperarla, siendo imprescindible que se atienda a la estimulación para poder dar paso a la memoria, siendo muy difícil recuperar algo que no se ha atendido, por lo que la información ha sido procesada como irrelevante, y no se ha formado huella de memoria permaneciendo la información en el corto plazo, para ser sustituida por nueva información en cuestión de segundos o minutos. Con respecto a la emoción, esta va a incidir en la emotividad que va a ir asociada con dicho recuerdo, así como en la "durabilidad" del recuerdo, siendo aquellos recuerdos con una mayor carga emotiva los que más durarán en la memoria

Sobre la clasificación de la memoria esta se puede separar en memoria sensorial, memoria a corto plazo y memoria a largo plazo (Atkinson & Shiffrin, 1968), distinción que se corresponde con el tiempo que permanece la información en el cerebro antes de "perderse", durante segundos la memoria sensorial; minutos la memoria a corto plazo; y horas e incluso toda la vida la memoria a largo plazo. La memoria sensorial queda evidenciada gracias a los procesos de habituación y sensibilización, en el primer caso se pierde "sensibilidad" ante una estimulación repetida y "sin sentido"; en el segundo, se aumenta la "sensibilidad" ante un estímulo presentado con anterioridad y con un alto valor significativo, por ejemplo, ante una señal de dolor; en ambos casos, si se pasan unos segundos sin recibir ningún tipo de estimulación nueva, se recupera el nivel anterior.

La diferencia entre la memoria a corto y a largo plazo se ha evidenciado gracias a los casos de amnesia, donde se ha observado cómo personas que tenían dañadas las estructuras que participan en la consolidación de las huellas de memoria eran incapaces de aprender nada, más allá de retener la información durante unos cuantos minutos. Igualmente, y dependiendo del tipo de amnesia, estas personas son capaces de recordar cualquier hecho aprendido anterior al accidente o traumatismo que originó la amnesia, a pesar de que no puede realizar nuevos aprendizajes. Estos casos de amnesia además han permitido comprender mejor el funcionamiento cerebral de la memoria, destacando el papel fundamental del hipocampo.

El modelo anterior que defendía el proceso secuencial entre la memoria corto plazo y la memoria a largo plazo ha sido superado por el modelo de Shallice y Warrington quienes encontraron evidencias en pacientes amnésicos de que dicho proceso se produce en paralelo. Además de la clasificación anterior, también se puede dividir la memoria en explícita e implícita, la primera da cuenta de aquel conocimiento accesible conscientemente y que puede ser descrito con palabras; la segunda informa de aprendizajes de los que no tiene por qué haberse dado cuenta y es "difícil de explicar", tal y como el aprendizaje de habilidades, los fenómenos de facilitación (priming) o las debidas al condicionamiento clásico.

Distinción que se observa con frecuencia, con los pacientes con amnesia, que son capaces de aprender nuevas habilidades mediante la memoria implícita, pero no así nuevos datos, fechas u otra información explícita. La memoria declarativa por su parte se puede subdividir en memoria episódica vs. memoria semántica, la primera hace referencia a eventos ocurridos en un momento y lugar determinado; mientras que la segunda abarca el conocimiento general.

La memoria está estrechamente relacionada con el aprendizaje, de hecho, no existiría el uno sin el otro; así al memorizar "algo" se aprende ese "algo", que con posterioridad se podrá recuperar, igualmente cuando se "desaprende" algo, se olvida y con ello se pierde la huella de memoria. Pero el aprendizaje no es simplemente una acumulación de huellas de memoria sin ninguna conexión entre sí, a modo de libro en una biblioteca, al contrario, cada vez que se forma una huella de memoria a corto plazo, esta se compara con huellas similares para comprobar si se trata de una "novedad" o no con respecto a dichas huellas.

De no proporcionar ninguna información nueva, de

forma automática se considera información irrelevante y suele "perderse" cuando llega nueva información sensorial. por lo que resulta saber con certeza lo que se hizo hace un mes si se lleva siempre la misma rutina. Podremos deducir sin miedo a equivocarnos que estábamos en el sitio "de siempre", haciendo lo "de siempre", pero no seremos capaces de recordarlo porque no se llegó a formar una huella de memoria a largo plazo.

En cambio, si la información de la huella de memoria a corto plazo comparada con la información registrada previamente supone algún tipo de aportación nueva, o cambio sobre la que ya había, se realizará un aprendizaje, modificando las huellas de memoria a largo plazo con la nueva información relevante, y en caso de ser un tema "nuevo", se consolidará en una huella de memoria a largo plazo nueva. Pero estas modificaciones y nuevos aprendizajes no sólo van a provenir por nueva información proveniente del exterior, si no que puede ser fruto de un procesamiento cognitivo superior, por ejemplo, gracias al pensamiento, mediante la reflexión o la deducción, con lo que generar nuevos aprendizajes.

Aunque es posible equiparar el aprendizaje a las huellas de memoria a corto plazo e incluso sensoriales, estimando que mientras está esa información activa, existe la posibilidad de consolidarse, de no ser así, se trataría de aprendizajes "fugaces", que en unos minutos se olvidarán. Uno de los factores fundamentales en la educación es el aprendizaje, y por lo tanto memorizar, aunque esto no se circunscribe a cifras, hechas y datos, si no que incluye también el aprendizaje de las habilidades motoras, por ejemplo. Todo ello va a ir siendo poco a poco valorado y evaluado para conocer si el nivel de desempeño se corresponde con el del resto de sus compañeros o existe algún retraso al respecto.

Por su parte la memoria de trabajo es la responsable de la gestión de la información y de los mecanismos de control cognitivo precisos para la resolución de los problemas matemáticos. Igualmente, en el caso de la memoria visoespacial se ha visto cómo su desarrollo va a influir en la aritmética, y en el rendimiento de las matemáticas aspecto observado a partir de los 4 años.

Influencia de la memoria que va reduciéndose a medida que se va desarrollando el lenguaje, pues ya no es preciso memorizar todas las "posibilidades" en cuanto a aritmética básica, por ejemplo, si no que se puede manejar las cantidades de los números por su significado. Kaufman ha llegado a determinar el proceso neuronal que implica la realización de ejercicios matemáticos entre los pequeños, donde está implicados los lóbulos parietales asociados al ejecutivo central y la memoria de trabajo; el lóbulo temporal medial, asociado a la memoria declarativa; los ganglios basales, asociado al procesamiento temporal y las áreas subcorticales.

La memoria declarativa es aquella que permite enunciar y explicar verbalmente su contenido, al contrario de la memoria procedimental o no declarativa, que permite "hacer" sin que pueda ser en ocasiones explicado. Un ejemplo de memoria procedimental o no declarativa es el montar a la bicicleta, por el cual una persona llega a "dominar la bici" sin necesidad de que nadie le explique cómo funciona el equilibrio, la velocidad o la inercia, ya que con la práctica y algunas instrucciones básicas la persona es capaz de aprender. Si se le pregunta a esa persona cómo hace para montar en bicicleta, podrá decir con más o menos "tino" los procesos implicados, pero por sí no explicará dicho procedimiento.

Las investigaciones al respecto muestran que aquellos pequeños que tienen dificultades en el aprendizaje de las matemáticas que afecta entre un 3 a 8% de la población, que puede llevar además dificultades en el lenguaje o en la atención, se muestran menos eficaces en los procesos cognitivos como la memoria de trabajo, la atención, la organización visoespacial o el lenguaje a la hora de la búsqueda de soluciones de problemas, y en la realización de operaciones y cálculos numéricos.

Tal y como se ha comentado, la memoria está basada en pequeñas unidades información denominadas huellas de memoria, las cuales se forman por la combinación de la información proveniente del exterior, la percepción de esta y la comparación con otras huellas de memoria previas. La memoria se puede clasificar en función del tiempo en que la información permanece en el cerebro, la sensorial que dura unos segundos, la de corto plazo que permanece algunos minutos, mientras que la memoria a largo plazo es capaz de hacerlo durante años. Así pues, se genera una memoria sensorial, que pasa a memoria a corto plazo, y si se trata de información relevante y novedosa se convierte en memoria a largo plazo; si es redundante e "inútil" simplemente se olvida y "destruye" dicha huella de memoria; si se trata de una "modificación" o mejora de una huella previa, se realizan los cambios oportunos en dicha huella. Por tanto, para llegar a formarse una nueva memoria debe de pasar una serie de filtros, como el sensitivo, requiriendo que la sensación supere un determinado umbral; atencional, ya que sin atención no se aprende; y de toma de conciencia, en el que se convierte la sensación en percepción y se "toma en cuenta".

Con respecto a los procesos neuronales de la memoria, en el siglo XX se descubrió cómo la estimulación moderada en la misma vía, fortalecía las conexiones interneuronales, mediante lo que se denominó Potenciación Sináptica a Largo Plazo, el cual está en la base de la formación de las huellas de memoria, al conectar diferente información recogida por las neuronas, y junto con las plasticidad neuronal permiten modificaciones puntuales, e incluso estructurales en función del aprendizaje, que no es más que información más o menos "rica" memorizada.

El proceso pues, consiste en una estimulación externa o interna, que llega al cerebro formando una huella de memoria sensorial, la cual pasa por el filtro atencional y es percibida formando la huella de memoria a corto plazo, donde permanecerá brevemente hasta que otra nueva huella ocupe "su lugar", perdiéndose la información no consolidada. En cambio, si esa huella se consolida, pasa a la memoria a largo plazo, donde permanecerá durante años. Tal es así que se han llegado a realizar experimentos para saber hasta qué punto se es capaz de recordar, lo que ha llevado a comprobar cómo las huellas de memoria a largo plazo no sólo pueden recordarse durante años sino incluso décadas, estando en muchos casos el "límite" no tanto en la huella en sí mismo como en la capacidad de acceder y recordar dichas huellas.

Huellas que van a contener gran cantidad de información sensorial del momento en donde se registró, no sólo referida a lo aprendido entonces, sino al contexto donde se produjo, qué personas había allá o cómo se sentía en ese momento entre otros. De hecho, cuantos más datos se puedan recordar mucha más "efectiva" es la huella de memoria y durante un mayor tiempo permanecerá accesible a su recuperación, ya que las vías para hacerlo serán diversas.

En cambio, sí se ha registrado dicha huella de memoria empleando uno o dos estímulos, y el acceso a alguno de ello se "pierde" es más probable que se considere "perdida" la huella de memoria, cuando en realidad está inaccesible. Con respecto a las áreas implicadas en la memoria, destaca el hipocampo y el núcleo dorso-medial del tálamo, en la memoria explícita; y los ganglios basales y el cerebelo en la memoria implícita. Estudios con pacientes epilépticos que han sufrido una lobectomía temporal bilateral, muestran una pérdida significativa en la formación de nuevas huellas de memoria a largo plazo, conservando intacto sus recuerdos anteriores.

A pesar de lo "sencillo" que parece lo que supone recordar un evento acontecido ayer, hace una semana o quizás unos años, el recuerdo es mucho más complejo, pues requiere de la activación de las áreas implicadas en dicha huella de memoria. Por simplificar, pensemos que recordamos lo que comimos ayer, para lo cual nuestra huella de memoria activará la sensación de la vista; del gusto y del olfato, como componentes de dicha huella. Otros recuerdos implicarán más o menos sentidos, dependiendo de la información relevante para dicha huella de memoria, por tanto, los pasos de las operaciones de la memoria serían: codificación, análisis, combinación, agrupamiento, almacenamiento y recuperación.

Con respecto a las bases neuronales, tres son las principales áreas implicadas en la memoria, los lóbulos temporales, el diencéfalo y el cerebro anterior basal.

a) Dentro del lóbulo temporal la región más importante para la memoria es el sistema límbico, que comprende las circunvoluciones subcallosa, del cuerpo calloso y del hipocampo, la formación del hipocampo, el núcleo amigdalino, los cuerpos mamilares y el núcleo talámico anterior. Las alteraciones provocadas por lesiones en el sistema límbico implican afectación de la memoria declarativa episódica, manteniéndose la memoria implícita y la perceptiva. Los componentes fundamentales de la memoria son el córtex perirhinal, entorhinal y parahipocámpico junto con el hipocampo, estructuras altamente conectadas mediante circuitos recurrentes con la corteza de asociación del lóbulo temporal, recibiendo además información de todas las modalidades sensoriales.

b) El diencéfalo compuesto por el tálamo y el hipotálamo, con un papel destacado en la memoria los núcleos anteriores y dorsomediales del tálamo, los cuerpos mamilares; el haz mamilotalámico que conecta el complejo hipocámpico medial con los núcleos anteriores del tálamo; y la vía amigdalofugal que conecta la amígdala con los núcleos dorsomediales.

c) El cerebro anterior basal, que se encuentra entre el diencéfalo y los hemisferios cerebrales, cuyos componentes son el área septal, la banda diagonal de Broca, el núcleo acumbens, el bulbo olfativo, la sustancia innominada y el área preóptica; con respecto a la memoria juega un papel de asociación de los distintos componentes modales de las huellas de memoria, por lo que la alteración de esta zona provoca incoherencia en los componentes de los recuerdos.

En la memoria a largo plazo se almacena pues todos los significados en cuanto a las cifras, fórmulas y relaciones matemáticas de la aritmética, las cuales son recuperadas y "utilizadas" en la memoria de trabajo, y sin ellas no es posible resolver una simple cuestión de una suma, pues no se "recordará" ni el significado que tiene adicionar dos números.

La memoria de trabajo está íntimamente relacionado con el desarrollo de las habilidades fonológico, ya que estas median con la aritmética al permitir además la recuperación de los resultados mediante códigos lingüísticos, así las representaciones fonológicas van a permitir una recuperación de hechos más eficientes; por su parte las bases neuronales de las operaciones que se resuelven mediante la recuperación de la memoria a largo plazo basados en códigos verbales se encuentran en el giro angular izquierdo.

LAS EMOCIONES Y EL CEREBRO MATEMÁTICO

Una de las aplicaciones que tiene el estudio y conocimiento del cerebro es en el ámbito de la empresa y en concreto en el marketing, ya que el principal objetivo de cualquier organización lucrativa es precisamente eso, hacer dinero, y la manera de hacerlo es vendiendo, ya sean productos o servicios.

Pero en un mundo cada vez más globalizado y competitivo, es difícil enfrentarse a la competencia, por lo que algunas empresas invierten en innovación para ofrecer algo nuevo, otros optan por la diferenciación, es decir, ofrecer lo mismo que el resto, pero con un "embalaje" más atractivo o útil, pero sea cual sea la estrategia que empleen todos al final deben de recurrir al marketing para presentar el producto o servicio a vender.

La tarea del marketing es que éste sea atractivo, útil y "goloso" a los sentidos, de forma que cuando lo veamos en un establecimiento o una gran superficie lo identifiquemos, queramos comprarlo y al final lo compremos.

El marketing a ido evolucionando a medida que lo han hecho los medios disponibles de comunicación, inicialmente mediante notas escritas en periódicos, o cuñas publicitarias en las radios, hasta las actuales estrategias de marketing personalizado con herramientas como Facebook o Google

Adsense.

Miles de millones de inversión anual de las grandes empresas, que se han dado cuenta del potencias del neuromarketing, o lo que es lo mismo, descubrir qué les gusta a los usuarios destinatarios del producto o servicio, y cómo hacerlo esto atractivo, todo ello preguntado directamente al cerebro del consumidor, que en definitiva va a ser éste quien va a decidir adquirir o no el producto o servicio que ofrecemos.

Actualmente además se trata de optimizar los resultados mediante la combinación de algunas de las técnicas anteriores, lo que incrementa la fiabilidad de lo analizado además de permitir una mejor comprensión de los efectos que tendrá el nuevo producto o servicio sobre los usuarios.

El objetivo final es conseguir que el consumidor cumpla con su papel, es decir consuma, aspecto que está muy lejos de ser una "ciencia", ya que depende de multitud de factores, antes de que el cliente se lleve el producto.

En ésta toma de decisión van a afectar tanto elementos relativos al producto y servicio, como a la forma de presentación del mismo, pero también a todo lo relacionado con el mismo, por ejemplo la marca comercial de la empresa, por ejemplo su prestigio, pero además van a entrar los recuerdos con el producto o productos similares y con el mundo metaconsciente de la persona, es decir, aquel del que escasamente se da cuenta pero que en definitiva es quien "gobierna" sus decisiones, alejados de la "irrefutable lógica" que nos llevaría a todos a tomar siempre la "mejor elección".

Por lo que para optimizar las posibilidades de éxito por parte de la empresas anunciantes se busca un mayor efecto en la atención, es decir, que la marca o el producto sea quien capte toda la atención; posteriormente se busca que se recuerde, para que cuando la persona esté delante del producto se active su huella de memoria asociada con una determinada carga emocional que facilite la compra o adquisición del producto o servicio.

Para ver cómo funciona simplemente debemos de ver un anuncio cualquier de la televisión, y cuando lo terminen de emitir cerrar los ojos, ¿Qué recordamos de ese anuncio?, ¿Qué sentimientos nos despierta ese anuncio?

Si el anuncio está bien hecho la respuesta será rápida, con el nombre de la marca del producto o servicio, y la emoción asociada depende del producto, puede ser felicidad, alegría, pero también vitalidad e incluso serenidad, dependiendo del tipo de producto que se quiera vender.

Si se puede responder claramente a esas preguntas el anuncio tiene visos de éxito, el mensaje se recibe correctamente, ahora depende de la estrategia de marketing asociada para que lo recordemos mejor y podamos adquirirlo, a saber, número de veces que aparecen los anuncios, los distintos soportes de los mismos, ya sea por televisión, Internet, prensa o radio, así como la disponibilidad del producto o servicio, sabiendo que cuantas más dificultades se encuentre la persona para adquirirlo menos veces lo va a hacer.

En los últimos años el conocimiento sobre las emociones y el cerebro han permitido establecer vías diferentes de procesamiento para la información en función de si es o no relevante para la supervivencia de la persona. Conocimiento que ha permitido comprender las actitudes, las cuales se definen como una disposición a actuar de un modo particular respecto a un objeto social. Algunos autores -desde una perspectiva unidimensional- consideran que tal disposición hace referencia exclusivamente a elementos afectivos (emociones positivas y negativas) mientras que otros -perspectiva multidimensional- estiman que dicha disposición tiene una traducción afectiva (relativas a sentimientos evaluativos, preferencias, etc.), otra cognitiva (relativa a creencias) y otra conativa (relativo a acciones manifiestas, intención o tendencias de acción). El interés principal por conocer las actitudes es que el conocimiento de la actitud que un sujeto tiene sobre un objeto es porque permite predecir el comportamiento de la persona ante dicho objeto.

La idea de que la persona tiende a mantener un equilibrio o consistencia entre sus creencias y sus comportamientos con respecto al objeto de la actitud - existiendo una tendencia a la reducción en caso de incongruencias- ha sido defendida por varios autores, siendo Festinger (1957xxx), quien expuso la Teoría de la Disonancia Cognitiva: el sujeto intenta establecer armonía, coherencia o congruencia entre sus opiniones actitudes, conocimientos, y valores, es decir, entre sus elementos cognoscitivos.

El modelo de cambio se basa en la persuasión, esto es, que se modifique la actitud general de la persona con base en la nueva información ofertada, es por ello la fuente de información tiene un gran interés de estudio; así se han realizado investigaciones sobre la influencia debida a la credibilidad, a la apariencia del experto, al atractivo de la fuente y a la capacidad de poder del emisor.

Con respecto a las características de la persona que favorecen o perjudican ese cambio de actitud, han sido varios los aspectos investigados: autoestima, autoritarismo, aislamiento social, mayor o menor riqueza de fantasías, tipo de orientación vital.

Por su parte McGuire (1969xxx), determina la

existencia de doce etapas o pasos en el proceso persuasivo: exposición, atención, interés, comprensión, generalización de cogniciones relacionadas, adquisición de habilidades relevantes, aceptación, memorización, recuperación, toma de decisión, actuación y consolidación posacción.

Alternativamente se ha propuesto la Teoría de la respuesta cognitiva por parte de Greenwald (1968xxx), según la cual siempre que una persona recibe un mensaje persuasivo compara lo que la fuente dice con sus conocimientos, sentimientos y actitudes previas respecto al tema, generando, de esta manera, unas respuestas cognitivas. Estos mensajes autogenerados son los que determinan el resultado final del mensaje persuasivo. Cuando los pensamientos van en la dirección indicada por el mensaje, la persuasión tendrá lugar; por el contrario, si van en dirección opuesta, no se producirá persuasión.

Una perspectiva integradora de las anteriores teorías las plantean Petty y Cacioppo (1986xx), en el modelo de Probabilidad de Elaboración según el cual cuando recibimos un mensaje persuasivo podemos analizarlo racionalmente (ruta central) o bien proceder de forma casi automática siguiendo un heurístico (ruta periférica). La probabilidad de elaboración depende de dos factores necesarios y simultáneos: la motivación y la capacidad.

Por tanto las actitudes van a guiar buena parte de

nuestro comportamiento, especialmente aquel que su pongo una inversión en tiempo y esfuerzo, rechazando las propuestas que vayan en contra de la actitud personal, y siendo más susceptible a aceptar aquellas que vayan en la misma "dirección" que la actitud personal.

En el primer caso, la propuesta, por ejemplo económica, se sentiría como una "amenaza" o un "insulto", lo que genera la sobreactivación de la ínsula la cual va a prevalecer sobre el "pensamiento económico" de las áreas prefrontales.

En cambio, si la propuesta va encaminada hacia la misma "dirección" de las actitudes personales, se entenderá la propuesta como aceptable, no produciéndose esa activación de "disgusto" de la ínsula, permitiendo aceptar dicha propuesta por parte de las área prefrontales.

Distintas investigaciones han mostrado cómo el procesamiento de las emociones positivas y negativas es diferente, así los estímulos parecen procesarse de forma distinta, reportándose una mayor activación de la amígdala ante estímulos emocionales negativos mientas que en regiones frontales la activación resulta mayor ante la exposición a estímulos positivos.

Esta diferencia entre el procesamiento de estímulos positivos frente a negativos, se observa también en el impacto que tiene cada uno en las tareas atencionales, existiendo un claro sesgo de negatividad, por el cual los estímulos negativos tienen mayor impacto atencional que los positivos.

En la tarea de Stroop se comprueba un incremento significativo en el tiempo de reacción ante estímulos negativos con respecto a los estímulos positivos, explicado porque el estímulo negativo capta la atención del sujeto más rápidamente y por más tiempo, con lo que la tarea de identificación del color se ve demorada y por tanto se incrementa el tiempo de respuesta.

En la tarea de búsqueda visual, por su parte, el uso de estímulos negativos como target (caras de enfado) en un contexto de estímulos positivos como distractores (caras felices) determina una identificación más rápida que en el caso contrario.

Por su parte Pratto y John (1991xxx) proponen un modelo explicativo para los resultados anteriores indicando la existencia de un procesamiento categorial y automático específico para detectar estímulos negativos del medio ambiente. De dicho modelo se deducen dos predicciones: existirá una mayor implicación atencional ante estímulos afectivos negativos frente a estímulos neutros; y no existirán diferencias en el procesamiento respecto a cuán extrema sea la negatividad, ya que se trata de un análisis categorial (de todo o nada), en el que se percibe el estimulo como negativo o no.

Con respecto a la segunda predicción del modelo, Mogg y cols. (2000xxx), han encontrado que manipulando el nivel de negatividad, más o menos negativo (con valencia entre a 1 o 3, en la escala de Lang) y el de positividad, más o menos positivo (entre 7 o 9, en la escala de Lang), aquellos estímulos con mayor nivel de negatividad implicaban más atención que los menos negativos, mientras que no existían diferencias en la implicación de la atención entre el empleo de estímulos más o menos positivos, resultados similares fueron informados por parte Schimmack (2003xxx). Igualmente se ha comprobado una mayor implicación de la amígdala en los juicios en expresión de miedo (estímulos negativos) los cuales vienen avalados tanto por estudios imagenológicos cerebrales como por estudios de lesiones. Estos resultados se mantienen con la edad aunque la activación es menor en la amígdala (estímulos negativos) y mayor en las áreas frontal y parietal (estímulos positivos) en los ancianos respecto a los jóvenes..

Respecto a la localización del procesamiento de los estímulos positivos frente a los negativos, no se ha llegado todavía a un consenso, así algunos autores defienden que la activación hemisférica se produce por igual ante los estímulos positivos y negativos.

Davidson (1984xxx) propuso un modelo de distribución

hemisférica del procesamiento de estímulos afectivos según el cual, el lóbulo temporal derecho procesaría los estímulos negativos, mientras el izquierdo procesaría los positivos. A este respecto se han encontrado datos contradictorios, que indican una mayor activación ante imágenes negativas en el lóbulo temporal izquierdo.

Diferente procesamiento de las emociones que van a ir acompañado de tomas de decisión diferente, así es "más fácil" que una persona esté dispuesta a gastar una mayor cantidad de dinero cuando se encuentra en un estado de ánimo positivo, mayor cuanto más grande sea esa "felicidad", de ahí que uno de los momentos de mayor "gastos económico" de la persona se corresponda con el "día más feliz de la vida", precisamente el de la boda, donde todo parece "poco" para que sea "el día perfecto". En cambio cuando una persona está "embargada" por una emoción negativa, difícilmente va a prestar atención al aspecto económico.

Vivencias emociones que van determinar en buena medida la forma en que la persona se siente feliz; de ahí que cada día se incremente el número de tratamientos médicos en busca de esa imagen tan deseada, obtenida mediante intervenciones quirúrgicas o inyectando Botox; con la firme convicción de que eso permitirá ser más felices, al vernos más jóvenes y tener mejor presencia ante los demás.

Desde hace unos años, dentro de la Psicología existe una controversia relacionada con el mundo de las emociones, al tratar de distinguir qué es primero, si la respuesta fisiológica de la emoción o la sensación que se provoca.

Esto es, algunos autores defienden que el cuerpo expresa una emoción y que la persona lo capta y lo siente. Las emociones provendrían de fuera a dentro; otros autores en cambio, defienden que las emociones se originan en el interior y que se reflejan en el organismo, es decir que van de dentro a fuera.

Los primeros autores, que defienden el modelo de fuera a dentro, invitan a realizar ejercicios conscientes por expresar la emoción que se "quiere tener"; de forma que, si se desea estar contentos, únicamente se debe de poner una sonrisa en la cara durante todo el día, y esos músculos se encargarán de hacer comprender al cerebro la alegría.

Los autores que defienden el modelo de dentro a fuera, consideran que no se puede expresar algo que no se sienta, convirtiéndose así, el organismo en el reflejo del interior. Gracias a ésta aportación se han realizado estudios de detección de emociones basados en rasgos faciales y comportamentales de la persona, empleando para ello herramientas como el F.A.C.S. (Facial Action Coding

System).

Pues bien, una vez conocida ésta distinción, se puede entrar a responder la siguiente cuestión, ¿El Botox permite sentirse más felices?

En principio el Botox satisface una "necesidad" de aparentar una mejor imagen, pudiendo conseguir algunos "beneficios secundarios" como la aceptación social, un contrato laboral en el caso de que se trabaje para un medio audiovisual...

Para resolver esta cuestión se ha realizado una investigación por parte de la Universidad de Wisconsin (EE.UU.) (Havas, Glenberg, Gutowski, Lucarelli, & Davidson, 2010). En dicho estudio se analiza la empatía que muestran personas que han sido sometidas a Botox frente a otras que no lo han usado.

La tarea consistió en leer un texto cargado emocionalmente, y tras finalizarlo responder lo antes posible sobre cuál es la emoción que contenía dicho texto. Para ello se emplearon tres tipos de textos, de alegría, tristeza y enojo.

Si el Botox (único factor que diferencia a los dos grupos de estudio) no tiene incidencia en las emociones, no se encontrarían diferencias en los resultados.

Pues bien, el citado artículo informa sobre que existe una diferencia significativa a la hora de identificar las emociones negativas de enojo y tristeza entre el grupo de los que han usado el Botox y los que no lo han usado, mientras que en la de la alegría no hay diferencias.

Teniendo en cuenta que el Botox se pone en aquellas zonas de expresividad de las emociones negativas, que son las que provocan esas "marcas" a modo de surcos tan característicos; es comprensible y esperable, que si se atiende a la primera aproximación de las emociones de fuera a adentro, no se podría sentir aquello que no se puede expresar, es decir, el Botox impediría que se "sienta" con la misma intensidad las emociones negativas, pero ¿Cómo se sabe que la lectura del texto tiene que provocarnos una emoción?

Esto es debido a un fenómeno automático denominado "embodied cognition", cuya traducción sería algo así como cognición corpórea o encarnada, por el que, para poder identificar emociones de otros, o en éste caso de un texto, se usan microexpresiones faciales que facilitan ésta labor empática.

Es decir, aun sin darnos cuenta de ello, cuando se lee algo alegre o se ve a una persona expresarlo, se van a mostrar microexpresiones de alegría que ayudan a identificar esta emoción en el texto y en la otra persona.

En cambio, si se toma Botox, ésta cognición corpórea o encarnada no se va a producir correctamente, de modo que se va a ser "más torpes" para identificar aquellas emociones involucradas con los músculos afectados por el Botox (emociones negativas).

En definitiva, el Botox sirve para dar apoyo a la teoría sobre las emociones que defiende un modelo de fuera a dentro, a la vez que avisa de los efectos no deseados sobre la vida íntima, afectando a cómo somos capaces de percibir las emociones en los demás, lo que lleva a reaccionar de una determinada manera.

Con lo que se consigue modificar las vivencias emocionales internas reduciendo las experiencias negativas y favoreciendo así las experiencias de felicidad, y todo ello de forma artificial.

Pero, cuando se piensa en emociones se puede hacer referido a un estado mantenido a lo largo de la vida, siendo las emociones negativas generadas por una pérdida, pero también ante un hecho considerado injusto e incluso por las "reprimendas" de otro.

A edades tempranas la opinión, corrección e incluso reprimendas es la forma en que pueden educar los padres; papel que se amplía a los profesores con el tiempo; y a los compañeros a edades de preadoslecencia y adolescencia.

La privación de una estimulación adecuada puede estar en la base de un desarrollo incompleto por parte del menor, de ahí que en la infancia sea positiva cuanta mayor estimulación se requiera para aumentar las posibilidades de desempeño posterior.

Pero si bien, la estimulación positiva va a ayudar al menor ¿Qué pasa cuando se les castiga o se les dice eso de "eres tonto"?, pero ¿Hasta qué punto son susceptibles las emociones de los pequeños?

Esto es lo precisamente lo que se ha tratado de averiguar con una investigación realizada desde el Departamento de Estudios Clínicos Infantiles y Familiares, y el Departamento de Psicología del Desarrollo, Universidad de Utrecht (Países Bajos) junto con el Departamento de Psicología, Universidad de Utah (EE.UU) (Slagt, Dubas, van Aken, Ellis, & Deković, 2017).

En el estudio participaron 280 menores, de los cuales el 45,4% eran niñas, con edades comprendidas entre los 4 a 6 años. Todos ellos respondieron a unas fotografías con emociones positivas y negativas, las cuales debían de identificar correctamente; igualmente se evaluó el temperamento de los menores a través del Children's Behavior Questionnaire–Short Form. Se separaron a los participantes en dos grupos, el primero pasó con una intervención encaminada a manipular sus emociones y el resto perteneció al grupo control.

En el primer grupo los pequeños recibían feedback positivo o negativo según el diseño experimental, es decir, previamente establecido por el experimentador. Tras la intervención se realizaba nuevamente la evaluación emocional de los menores; al grupo control se le realizó la misma evaluación, pero sin que recibiese ningún tipo de feedback emocional.

Los resultados muestran que aquellos pequeños que reciben reprimendas verbales se sienten significativamente peor, reduciendo las emociones positivas. Y, al contrario, cuando se avala al menor se aumentan las emociones positivas, aunque en menor medida en aquellas situaciones prosociales en que es esperable. Y todo lo anterior independiente del temperamento o de la emoción previa de los menores.

Entre las limitaciones del estudio está en la selección de un único rango de edad, no pudiendo conocer qué pasa en etapas más tempranas o tardías a las estudiadas.

Igualmente, no se ha realizado un seguimiento de los pequeños del grupo de intervención para conocer hasta qué punto se mantiene en el tiempo las modificaciones emocionales en función de la intervención

Tal y como afirman los autores, los resultados dejan en evidencia no sólo la susceptibilidad emocional de los menores sino su vulnerabilidad.

Así los adultos podemos variar temporalmente nuestras emociones en función de las circunstancias externas, volviendo a nuestra emocionalidad "normal".

En cambio, los menores no han desarrollado todavía esa identidad emocional "normal", por lo que las circunstancias a las que se ven sometidos los menores pueden definir su vivencia emocional.

Por tanto, las emociones a pesar de que nos acompañe toda la vida va a tener un "valor" diferente en función de la edad de la persona, ante el mismo hecho o acontecimiento.

El Lenguaje y las matemáticas

El humano se define por ser eminentemente un "animal social" para lo cual requiere del instrumento básico de la comunicación, ya que sin comunicación no puede existir sociedad. Cuando uno piensa en comunicación, lo ha de hacer, tanto en cuanto a la palabra, como en las manifestaciones escritas e incluso gestuales. Hoy en día, gracias a las nuevas tecnologías se puede estar comunicando constantemente, recibiendo y emitiendo mensajes, ya sea a través de m.s.m., llamadas o videoconferencias, pero también son comunicación, las entradas que se escriben en el blog o las fotos que se suben a Instagram, compartiendo lo que se ha comido ese día o el lugar que se ha visitado.

Aunque existieron antecedentes, con mayor o menor éxito, sobre la localización de funciones "mentales" en el cerebro, o más específicamente en las protuberancias o hundimientos del cráneo, no fue hasta el siglo XIX, cuando Broca informó sobre la localización de la función del lenguaje, en el giro frontal interior izquierdo, área que acogería su nombre hasta la actualidad, conocido como área de Broca. En la misma época Wernicke, confirmó los datos relativos al sustrato biológico del lenguaje en los hemisferios cerebrales, añadiendo una nueva localización para la función de la comprensión del lenguaje, en el giro temporal superior izquierdo, región que actualmente se denomina área de Wernicke.

El desarrollo del lenguaje va progresivamente mejorando con la práctica, desde las primeras sílabas pronunciadas sobre los 6 meses, pasando por las primeras palabras sobre los 11 o 12 meses, hasta llegar a los 18 meses donde se manejan con soltura una docena de palabras, empezando a formar frases con sentido complejo. Si hay un tema que se ha investigado sobre la diferenciación hemisférica esta ha sido el lenguaje, de hecho, la dominancia del hemisferio izquierdo en el lenguaje está claramente establecida, lo que no descarta al hemisferio derecho en algunas funciones, puestas en evidencia gracias a los estudios sobre lesiones cerebrales.

La asimetría hemisférica fue evidenciada en el siglo XIX, donde se especuló sobre que el habla estaba regida por el lóbulo frontal del hemisferio izquierdo, no participando del mismo el hemisferio derecho, considerándose a este subordinado y de menor relevancia, hasta que las lesiones en el hemisferio derecho empezaron a evidenciar déficit en habilidades espaciales y musicales. Abandonando el término de dominancia hemisférica por el de predominio hemisférico en el control de una determinada función, reflejando de esta forma la interdependencia e interconexión hemisférica, que sustenta muchos de los procesos y funciones cognitivas superiores.

Actualmente se conoce que el hemisferio izquierdo, se encarga del reconocimiento de grupos de letras que forman palabras, y grupos de palabras que forman frases, tanto en el lenguaje hablado como escrito; igualmente está implicado en la numeración, las matemáticas y la lógica; pudiéndose considerar como el centro de expresión. Las lesiones en el mismo provocan alteraciones en la comprensión y la producción del habla, además de afectar a nivel motor, al lado derecho del cuerpo.

Son diversas las aportaciones que desde la psicolingüística han tratado de incorporar a la hora de proponer teorías sobre cómo se desarrolla en lenguaje, siendo en algunos casos equiparado al desarrollo de las matemáticas, ya que el lenguaje sirve para "moldear" la realidad según un código establecido.

En el caso de las matemáticas se llega a desarrollar un lenguaje propio, cuyas bases están sustentadas en el cerebro, de ahí la importancia de conocerlo. Así Skinner, desde el neoconductismo, plantea que el lenguaje es un constructo social, y que es en este dónde se aprende y desarrolla, al igual que cualquier otra habilidad humana, para lo que se deben de dar las condiciones ambientales oportunas, apoyándose en la observación y empleando reglas como la del reforzamiento o el condicionamiento que tan bien ha funcionado para el aprendizaje de habilidades motoras. Las matemáticas por tanto sería una habilidad más que aprender.

Chomsky, por su parte, afirma que el lenguaje está tan imbricado en la naturaleza humana, que es parte de su genética y a diferencia de Skinner, no precisando de las "condiciones adecuadas" para que surja. Mientras que Piaget, entendía al lenguaje como un producto más de otras habilidades y capacidades, por lo que requería de estas para su posterior desarrollo, igualmente negó que existiese que los pequeños tuviesen habilidades matemáticas innatas, sobre el desarrollo de las matemáticas estableció que este se producía en la etapa operativa.

Vygotsky, por su parte se decanta por una postura intermedia, aceptando que existen mecanismos innatos que orientan al menor hacia la comunicación, pero que se requiere de un medio favorable para que este pueda desarrollarse adecuadamente, con respecto a las matemáticas afirma que el aprendizaje de esta área se da por la interacción entre el lenguaje y la acción pedagógica.

Hay que tener la estrecha relación entre el lenguaje y las matemáticas, observándose cómo el desarrollo de una favorece al de la otra, con respecto al procesamiento del lenguaje, cada hemisferio está especializado en un aspecto diferente, así el hemisferio izquierdo interviene en el reconocimiento de patrones lingüísticos y matemáticos, además de ser el centro de expresión cuya lesión provoca alteraciones en la comprensión y la producción del habla; mientras que el hemisferio derecho participa, en cierto grado del nivel de comprensión verbal, aunque su lesión tiene poca influencia en el lenguaje, salvo en la alteración de la prosodia.

En el caso del desarrollo de las matemáticas se ha observado entre los 3 o 4 meses diferencias de activación en el surco intraperietal del cerebro ante distintas cantidades presentado visualmente.

En el caso de los bebés, se ha observado cómo estos a partir de los 5 meses ya son capaces de realizar funciones de adicción al aumentar las cantidades de un mismo objeto presentado visualmente; y a los 6 meses pueden discriminar visual o auditivamente cantidades de forma abstracta (Wynn, 2000). A pesar de que todavía está en discusión sobre la existencia o no de una base genética para la detección de las cantidades numéricas a nivel perceptual, que luego será "mejorada" con el aprendizaje; hoy en día se postula que existe un sistema matemático básico a nivel biológico, que permite manipular cantidades con sumas y restas elementales, aspecto que se ha visto compartido con otros animales a los cuales se les puede entrenar para dar resultados similares (Coolidge & Wynn, 2018).

Incluso se ha llegado a afirmar que el proceso del conteo en humanos surge inicialmente de forma asociado a su posición corporal (orientación) y el control de acciones y representación del cuerpo (número de dedos empleados para contar) asociado al desarrollo del lóbulo parietal izquierdo (Butterworth, 1999).

Hay que tener en cuenta que no todas las regiones cerebrales van a madurar a la vez así las primeras áreas en madurar serían las relacionadas con las funciones motrices; posteriormente las relacionadas con la orientación espacial y el lenguaje, donde entrarían también algunas de las matemáticas; seguido de las relacionadas con la atención y las funciones ejecutivas imprescindibles para el pensamiento matemático abstracto; siendo las áreas que más tardan en madurar las de asociación que integran información de diversas modalidades sensoriales (Gogtay et al., 2004).

Por tanto el lenguaje va a suponer toda una "revolución" para las matemáticas del menor, ya que a medida que surge y domina el vocabulario aparece la aritmética simbólica, en el cual se basa el cálculo, por tanto gracias al lenguaje se produciría una transición de la aritmética concreta-perceptual a una abstracta-simbólica, aspecto que se ha comprobado cómo ya desde los 4 años van a provocar una activación en el surco intraparietal (Cantlon, Brannon, Carter, & Pelphrey, 2006), es decir, el cerebro ya está preparado para este desarrollo abstracto incluso antes de que empiece la incorporación al sistema educativo por parte del menor, región que por sí sola no va a explicar todas las funciones matemáticas ya que se requiere de otras áreas para tareas como la multiplicación que involucra a la circunvolución angular izquierda. Incluso se ha llegado a denominar al lenguaje matemático como aquel específicamente creado y desarrollado para expresar verbalmente los números y sus relaciones, estando las bases de este pensamiento matemático en el sistema somatosensorial como la visión, audición o tacto; existiendo evidencias para afirmar que el menor cuenta desde sus primeros meses de vida de conceptos matemáticos innatos, cuya base neuronal está asociada con el desarrollo del lenguaje. Dándose distintos niveles de complejidad en las tareas matemáticas como el reconocimiento de diferencias en las cantidades, cifras o asociaciones mentales, todo ello basado en diversas áreas cerebrales.

La evolución de la función matemática por tanto se puede separar en dos momentos, fase proto-matemática, es decir, previo a que surja ésta, en esta etapa el concepto del número es previo a su verbalización, precisamente por su relación con el procesamiento somatosensorial, es decir es la base donde se pone en evidencia la existencia de conceptos prematemáticos sobre los que con posterioridad se construirá todo el lenguaje y pensamiento matemático.

A diferencia de lo que se pueda asumir la competencia matemática no se alcanza exclusivamente "estudiando" matemáticas, si no que están implicados otros procesos como el dominio de la memoria de trabajo, el procesamiento fonológico y la velocidad de procesamiento, diferencias en el desarrollo de cada una de estas darían cuenta de las distintas ejecuciones en cuanto a matemáticas por parte de los escolares. Así en escolares de 4 años se ha observado cómo su desarrollo en la lectura está relacionado con su nivel de desempeño en las matemáticas; resultados que también se pueden observar a los 5 años con respecto a la memoria visoespacial y los procesos fonológicos con respecto a las matemáticas; no existiendo relación entre el nivel de desarrollo visoespacial y los procesos fonológicos. Estas evaluaciones de las capacidades lingüísticas se pueden realizar a través de tareas de rima para comprobar su nivel de ejecución.

Cuando se realiza la evaluación a menores con escasa capacidad de memoria a largo plazo desarrollada, únicamente queda que los resultados obtenidos se hayan alcanzado gracias a las estrategias procedimentales de resolución. A medida que el menor se va desarrollando, las habilidades lingüísticas van siendo "sustituidas" por una mayor capacidad de memoria a largo plazo, siendo su recuperación el elemento más empleado en la resolución de tareas, dependiendo el nivel de ejecución del desarrollo del lenguaje, en concreto de la capacidad de segmentar las palabras y la conciencia fonológica, ya que tienen un papel destacado en el uso de códigos verbales empleados en la resolución de problemas.

Así se puede observar en el juego del ajedrez, donde inicialmente los alumnos aprenden las reglas de funcionamiento, estando el desempeño del estudiante determinado exclusivamente por el uso de las estrategias aprendidas. En cambio, cuando el alumno pasa al "siguiente nivel" y empieza a entender el "lenguaje" del ajedrez y memoriza las partidas, las deducciones van dando paso a la selección de la "mejor partida" de la que se acuerde; sabiendo que cuantas más partidas memorice menos procesamiento deberá hacer, ya que desarrollará su memoria a largo plazo y lo usará para encontrar el mejor movimiento posible.

En el caso concreto y con respecto al desarrollo del dominio de las matemáticas y el lenguaje, los alumnos cuando se les presenta una operación matemática deben convertir aquellos caracteres por ejemplo los números arábigos en un código verbal que le sirve para identificar los elementos y la función que debe de realizar, empleando la memoria a largo plazo para procesar la información fonológica y determinar con ello la estrategia a aplicar, si "sabe" la respuesta por haberla memorizado, simplemente la ha de recuperar; si se trata de una "respuesta compleja", la memoria a largo plazo interviene en los nombres fonológicos de los números empleados, además de intervenir la memoria de trabajo para realizar las operaciones que conlleve.

EL PENSAMIENTO MATEMÁTICO

El mundo en el que vivimos es demasiado complejo para ir pensando cada decisión que tomamos, por ello solemos "simplificarlo" usando unas reglas sencillas. Seguro que te han contado o has experimentado por ti mismo esa sensación de tener una buena o mala racha, por lo cual uno espera que le vaya todo bien, si has alcanzado tus objetivos y metas, y en cambio si no te ha ido bien hasta ahora, esperas precisamente que siga así de mal las cosas; estas "creencias irracionales" sobre el futuro no habían podido ser explicadas del todo bien, pues parece "lógico" pensar que si en el ámbito laboral, de amistad o familiar "te va bien" pues te siga yendo bien, y si te va mal, te siga yendo mal. Lo cual puede ser explicado debido al efecto de la "profecía autocumplida", esto es, tal y como pensemos de nuestras posibilidades y deseos, así conseguiremos, y es precisamente ahí donde hacen tanto hincapié los libros de autoayuda, intentando modificar nuestras creencias sobre nosotros mismos y nuestras limitaciones, es decir, tratan de cambiar "nuestra profecía" y con ello nuestro futuro, pero ¿existen datos que apoyen la profecía autocumplida a nivel académico?

Esto es lo que ha tratado de averiguarse mediante una investigación realizada desde el Instituto Nacional de

Salud Infantil Eunice Kennedy Shriver junto con el Instituto Nacional de Desarrollo Humano y el Servicio de Salud Pública (EEUU) (Putnick, Hahn, Hendricks, Suwalsky, & Bornstein, 2019); en el estudio participaron padres, madres y profesores de 189 estudiantes, además de los estudiantes. A todos ellos se les preguntó sobre las creencias en el desempeño de las asignaturas de matemática y lectura de los pequeños a la edad de 10 años; posteriormente se recogieron las calificaciones de los estudiantes a los 10, 13 y 18 años de estas dos materias.

Los resultados muestran que existe un desajuste entre las creencias de los profesores y los menores sobre el desempeño en matemáticas y lectura, en cambio las creencias de las madres sobre el desempeño de sus propios hijos son significativamente más acertadas con respecto al desempeño final del menor. Es decir, independientemente de la creencia del profesor e incluso del propio alumno, su desempeño no va a cambiar con respecto a lo "esperable" por la madre, cuyo criterio es más exacto con el rendimiento que obtendrá el estudiante. Así a pesar de que un estudiante pudiese verse a sí mismo como con alta competencia para las matemáticas o la lectura esta creencia no se correlacionaba con los resultados obtenidos a lo largo de los años. E igual pasaba con aquellos estudiantes donde el profesor pensaba que tendría un bajo rendimiento, donde tampoco "acertaba" con el desempeño posterior.

Estos resultados estarían dando cuenta de la debilidad de la profecía autocumplida, en el sentido de que, si un menor se desempeña bien para las matemáticas, lo va a hacer tenga o no creencias positivas o no hacía ello; y que conseguirá sus metas independientemente de la creencia del profesor.

A pesar de lo anterior tratamos de predecir el futuro que nos rodea, pero ¿qué sucede ante una situación de azar?, si tomamos por ejemplo un juego de cartas o la ruleta, donde no existe una "memoria" sobre la que sustentarse, es decir, el resultado es independiente de lo que hayas logrado o perdido con anterioridad, a pesar de lo cual, y de ser un juego de azar, seguimos manteniendo "creencias falsas" sobre nuestro futuro desempeño.

Todas estas preguntas han abierto las puertas a una reciente rama de la psicología, la del juego, que trata de conocer cómo nos comportamos, ya no sólo en los casinos o ante los juegos de azar, si no a la hora de tomar decisiones, según el grado de "riesgo" que somos capaces de asumir, información muy útil para otras ramas como el marketing, o la psicología social, pero ¿existe la buena racha en los juegos de azar?

Precisamente a ésta preguntas planteas responde

afirmativamente un reciente estudio realizado por la Escuela Universitaria de Londres (Inglaterra) (Xu & Harvey, 2014). En éste se extrajeron los resultados partida a partida de un año de 776 jugadores de una empresa de juegos de azar online. Teniendo en cuenta que los juegos de azar son al azar, la probabilidad de ganar 2 veces, 3 veces, 4 veces seguidas... va reduciéndose a medida que se van sucediendo las partidas, pero igualmente la posibilidad de perder 2 veces, 3 veces, 4 veces seguidas... aunque siguen una progresión parecida, siguiendo las leyes de la probabilidad.

Los datos constatan que los resultados previos generan creencias "falsas" sobre nuestras habilidades y capacidades en los juegos de azar, lo que nos va a llevar a adoptar decisiones erróneas en función de la probabilidad real del éxito. Permitiendo que quien va ganando crea que "tiene la suerte de su lado" y que va a seguir ganando, algo que, a cada jugada, su probabilidad de éxito va cayendo empicado, es decir, matemáticamente es relativamente fácil ganar una vez, un poco más difícil hacerlo 2 veces seguidas, 3... un sueño, 4... casi imposible,...

Lo mismo sucede con los "perdedores", es decir, aquellas personas que han "probado el fracaso" una y otra vez, tienen la creencia de "estar gafados" y no ser capaces de tener éxito, a pesar de que en esta ocasión tienen las probabilidades de su lado, es decir, matemáticamente es relativamente fácil perder una vez, un poco más difícil hacerlo 2 veces seguidas, 3... una pesadilla, 4... casi imposible,...

A pesar de lo que indica las leyes de la probabilidad matemática, las personas nos seguimos rigiendo por nuestras "propias leyes" que como vemos son bastante "erróneas" en lo que a juegos de azar se refiere. El estudio indica la importancia de estos resultados para comprender la "lógica financiera" de profesionales como brókeres, que arriesgan el dinero de otros, en función de sus "falsas creencias", lo que pone en riesgo el éxito de sus operaciones.

Con ello se quiere plantear cómo a pesar de que tengamos un determinado desarrollo matemático dado por nuestro aprendizaje y práctica diaria, eso no garantiza que nuestro pensamiento sea analítico y basado en cálculos matemáticos, sino más bien al contrario, hoy en día es posible afirmar que nuestras decisiones están gobernadas por las emociones, siendo en "muchos" casos "irracional" y en contra de cualquier análisis estadístico (Bechara, Damasio, & Damasio, 2000).

Hay que tener en cuenta que para un desarrollo matemático adecuado va a ser necesario conocer y dominar el lenguaje matemático el cual sigue sus propias reglas, signos, enunciados y razonamientos, que en ocasiones son un obstáculo para el adolescente. Igualmente, a como sucede con los estudiantes que tienen un bajo desempeño en la comprensión lectora, si no existe un entendimiento de los enunciados difícilmente podrá el estudiante afrontar la labor que tiene por delante, ni siquiera sabrá seleccionar qué tipo de función matemática aplicar, si no entiende lo que se le demanda. Estas dificultades se pueden concretar en cuatro:

- debidas a un bajo desempeño lingüístico del alumno, que se relaciona más con la complejidad sintáctica.

- debidas al vocabulario técnico empleado, que al igual que en cualquier otra ciencia se ha desarrollado alrededor de la materia, y que sirve para "simplificar" la realidad mediante un vocabulario específico con el que delimitar los conceptos matemáticos.

- debidas al uso de notaciones matemáticas, el cual es un lenguaje simbólico formal, donde los símbolos representan conceptos, relaciones u operaciones.

- debidas a la incapacidad de relacionar las matemáticas en el contexto.

Cada una de las anteriores tiene su repercusión en dificultar el "normal" desarrollo y desempeño de las matemáticas, así, cuantas más dificultades se den en una persona, mucho más difícil tendrá para llevar un ritmo adecuado. Tal y como se comentó al ser una materia "acumulativa", el que no se progrese adecuadamente va a provocar un retraso en el desarrollo matemático que va a dificultar que sea aprendido un temario posterior, ya que este será más complejo y requerirá de un dominio de lo estudiado con anterioridad.

REFERENCIAS

Abdullah, H. (2018). THE ROLE OF THE" KNOWLEDGE SKETCH STRATEGY" TOWARDS THE UNDERSTANDING OF METACOGNITIVE KNOWLEDGE. *The Online Journal of New Horizons in Education-January*, *8*(1).

Atkinson, R. C., & Shiffrin, R. M. (1968). Human memory: A proposed system and its control processes. In *Psychology of learning and motivation* (Vol. 2, pp. 89–195). Elsevier.

Bechara, A., Damasio, H., & Damasio, A. R. (2000). Emotion, decision making and the orbitofrontal cortex. *Cerebral Cortex*, *10*(3), 295–307.

Butterworth, B. (1999). *The mathematical brain*. London: Macmillan.

Cantlon, J. F., Brannon, E. M., Carter, E. J., & Pelphrey, K. A. (2006). Functional Imaging of Numerical Processing in Adults and 4-y-Old Children. *PLoS Biology*, *4*(5), e125. https://doi.org/10.1371/journal.pbio.0040125

Coolidge, F. L., & Wynn, T. G. (2018). *The rise of Homo sapiens: The evolution of modern thinking*. Oxford University Press.

Gogtay, N., Giedd, J. N., Lusk, L., Hayashi, K. M.,

Greenstein, D., Vaituzis, A. C., … Thompson, P. M. (2004). Dynamic mapping of human cortical development during childhood through early adulthood. *Proceedings of the National Academy of Sciences of the United States of America, 101*(21), 8174–8179. https://doi.org/10.1073/pnas.0402680101

Havas, D. A., Glenberg, A. M., Gutowski, K. A., Lucarelli, M. J., & Davidson, R. J. (2010). Cosmetic use of botulinum toxin-a affects processing of emotional language. *Psychological Science, 21*(7), 895–900. https://doi.org/10.1177/0956797610374742

Putnick, D. L., Hahn, C.-S., Hendricks, C., Suwalsky, J. T. D., & Bornstein, M. H. (2019). Child, Mother, Father, and Teacher Beliefs About Child Academic Competence: Predicting Math and Reading Performance in European American Adolescents. *Journal of Research on Adolescence.* https://doi.org/10.1111/jora.12477

Slagt, M., Dubas, J. S., van Aken, M. A. G., Ellis, B. J., & Deković, M. (2017). Children's differential susceptibility to parenting: An experimental test of "for better and for worse." *Journal of Experimental Child Psychology, 154*, 78–97. https://doi.org/10.1016/j.jecp.2016.10.004

Wynn, K. (2000). Findings of Addition and Subtraction in

Infants Are Robust and Consistent: Reply to Wakeley, Rivera, and Langer. *Child Development*, *71*(6), 1535–1536. https://doi.org/10.1111/1467-8624.00245

Xu, J., & Harvey, N. (2014). Carry on winning: The gamblers' fallacy creates hot hand effects in online gambling. *Cognition*, *131*(2), 173–180. https://doi.org/10.1016/j.cognition.2014.01.002

Aproximación a las Neuromatemáticas: el Cerebro Matematico

4. BASES NEURONALES DE LA INTELIGENCIA MATEMÁTICA

La inteligencia ha sido equiparada durante mucho tiempo con la capacidad de resolución de problemas que se evalúa con cuestionarios y test estandarizados, así el coeficiente de inteligencia ofrece información sobre el grado en que una persona se encuentra en relación con los demás, pudiendo hallarse por encima, en medio o por debajo. Dentro de las personas que destacan se suelen considerar dotadas a aquellas que obtienen puntuaciones por encima de la media, pero cuando se produce en mayor grado se denomina superdotación.

Tradicionalmente, a pesar de que estas pruebas estandarizadas contemplan pruebas matemáticas no se analiza ni realiza una división con respecto al resultado de otras pruebas como las lingüísticas, entendiéndose como un indicador más de la inteligencia general. El desarrollo de las neurociencias ha permitido no sólo determinar que existen personas con una mayor o menor capacidad para las matemáticas a nivel neuronal, si no específicamente qué regiones están involucradas, y en cuáles destacan estas personas especialmente dotadas.

En el caso de las personas con altas capacidades, dedicadas a las matemáticas, tienen áreas más desarrolladas que el resto, en concreto la corteza cingulada anterior derecha, el lóbulo parietal izquierdo y el área premotora izquierda. Pero las diferencias no se quedan únicamente en cuanto a una mayor activación o desarrollo de un área, sino que además se ha observado como en estas personas se produce un incremento en la conectividad de las regiones frontales y los ganglios basales y regiones parietales, por lo que, la información relacionada con las matemáticas se difunde más rápidamente en el cerebro.

Es decir, existen diferencias anatómicas y de conectividad entre las personas con altas capacidades, pero estas van a estar mediadas por la capacidad desarrollada por el individuo, ya sea hacia la música, la literatura, las matemáticas,... de forma que las áreas implicadas en dicho proceso, se van a ver desarrolladas y potenciadas muy por encima de las del resto, lo que a su vez le facilitará la labor de procesamiento y consecución de tareas, haciéndose cada vez más diestro en dicha habilidad, a medida que la práctica y desarrolla nuevos aprendizaje, y todo ello gracias a la plasticidad neuronal.

En el caso concreto de las personas más inteligentes, las diferencias cognitivas halladas se caracterizan por un mayor desarrollo matemático y lingüístico, como regla general, siendo estas diferencias superiores cuanto más alto es el nivel de inteligencia, lo que se ha relacionado con un mayor desarrollo del hemisferio derecho, lo que no necesariamente se traduce en que haya un mayor porcentaje de zurdos entre esta población, además el cerebro derecho parece estar involucrado en tareas propias del izquierdo, aumentando así la bilateralidad y simetría del cerebro.

Si bien el modelo de inteligencia tradicional se equiparaba al académico, en el cual se incluía diversas tareas entre ellas algunas matemáticas, este modelo se ha mostrado insuficiente sobre todo a partir de las nuevas aportaciones teóricas al respecto.

Actualmente es posible distinguir entre personas que tienen desarrollada o no determinados talentos, pudiéndose clasificar estos entre simples frente a complejos (Castelló & de Batlle Estapé, 1998). En la primera categoría se puede presentar uno o varios talentos, para áreas específicas como en el caso de las matemáticas, la lógica, las relaciones sociales, la creatividad o las habilidades verbales entre otras. En el caso de los talentos complejos, estos se sustentarían sobre los desarrollos anteriores e incluirían el académico y el artístico-figurativo. Por tanto, para tener un desarrollo elevado del talento académico se requeriría también de otros simples como las matemáticas, la lógica o las habilidades verbales. En cambio, para el desarrollo del talento complejo artístico-figurativo, se requerirían los talentos simples de matemáticas y creatividad.

Si bien hasta hace relativamente poco únicamente se tenía en cuenta el desarrollo del talento académico, siendo el objetivo de la educación su estimulación desde edades tempranas, considerándose que poseer un alto nivel verbal, lógico y de gestión de memoria le convierte en un alumno modélico, actualmente se está empezando a implantar nuevos modelos educativos para dar cabida a los alumnos para el desarrollo de talentos complejos artístico-figurativo.

Así, los programas educativos adaptados, deberían incidir en aquel talento que destacase el alumno, ayudando a potenciarlo, ya que es en esa área, donde va a poder desarrollarse con más facilidad, pudiendo alcanzar elevadas metas. Si bien esta aproximación a los talentos ha sido empleada incluso para defender el modelo de altas capacidades, en el cual se define a aquellas personas que destacan por tener altos niveles de inteligencia, pero sin llegar a poseer superdotación; pudiendo destacar en alguno de estos talentos, por ejemplo, en matemáticas, pero no así en otras habilidades, como la creatividad o las sociales, o al revés, destacando en las habilidades verbales, pero no en el resto. La persona con superdotación por su parte sería aquella que es capaz de destacar en varias o todas las habilidades al mismo tiempo, teniendo desarrollado el talento complejo académico y/o el artístico-figurativo.

Dentro de esta aproximación de "dividir las inteligencias" en distintos tipos pudiéndose evaluar y entrenar cada una de ellas por separado, surge la aproximación de las inteligencias múltiples, que hace referencia a diferentes dimensiones de la inteligencia, por ejemplo, la artística, la musical, la matemática, la social..., es decir, ahora y basado en esta aproximación, una persona puede tener una gran inteligencia musical pero no destacar en el resto de las inteligencias.

El modelo de inteligencias múltiples por su parte establece siete inteligencias básicas con las que la persona se relaciona con el mundo: la lingüística, la lógico-matemática; la corporal-kinética, la espacial, la musical, la interpersonal, la intrapersonal, la naturalista y la existencial, pudiendo tener la persona un mayor o menor desarrollo en cada una de estas inteligencias (Gardner, 2011).

- La inteligencia corporal-kinética, corresponde con la habilidad manipulativa y de expresión con el propio cuerpo, por el cual se domina la motricidad gruesa y final, permitiendo la expresión de emociones o el manejo de herramientas. El hemisferio izquierdo es el predominante en esta inteligencia. Implica un mayor control de partes o todo el cuerpo, además de equilibrio, fuerza y flexibilidad.

- La inteligencia lógico-matemática, que permite operar fórmulas y símbolos, formular hipótesis y el pensamiento abstracto, equiparable al concepto de inteligencia unitario medido tradicionalmente como C.I. Sus bases neuronales se hallan en el hemisferio izquierdo para comprender y solucionar problemas matemáticos y el hemisferio derecho para comprender los conceptos numéricos. Implica la capacidad para comprender problemas, analizarlos y buscar soluciones aplicando razonamientos deductivos e inductivos.

- La inteligencia musical, relacionado con percibir, reproducir, crear, transformar y analizar, entender y producir formas musicales. Entre las áreas implicadas están el hemisferio izquierdo, el lóbulo frontal derecho y el lóbulo temporal. Implica la capacidad de percibir, interpretar y producir ritmo, cadencia, tono y timbre de los sonidos y la música.

- La inteligencia espacial, que permite operar mentalmente en modelos espaciales tridimensionales, da cuenta de la capacidad de observar el mundo y los objetos desde distintas perspectivas, pudiendo imaginar e interpretar mapas y dibujos en 2 y 3 dimensiones. Las bases neuronales se encuentran en el hemisferio derecho en diestros, implicando la capacidad de imaginar, formar y dibujar, fijándose en los detalles, lo que le proporciona además una gran ventaja mnémica a la hora de recordar imágenes y escenas. Esta inteligencia es útil ante problemas de navegación y orientación espacial, así como en las artes visuales o para el cálculo espacial.

- La inteligencia lingüística, consistente en poder expresar, comprender e interpretar el lenguaje, ya sea verbal, gestual, o de otro tipo. Las bases biológicas están localizadas en ambos hemisferios, pero sobre todo en el hemisferio izquierdo, en el área de Broca. Implica el desarrollo de tareas como la lectura, escritura, hablar y escuchar, y el éxito de la comunicación se define por conseguir transmitir eficazmente aquello que se quiere.

- La inteligencia interpersonal, cuyo desarrollo se expresa en la capacidad de comprender las motivaciones y estados de ánimo de otros y de relacionarse y posibilita tener un mejor desempeño social de la persona ya que es capaz de observar e interpretar tanto el lenguaje verbal como gestual, así como la totalidad de estos, lo que permite predecir el comportamiento del otro. Dicha capacidad se sustenta principalmente en los lóbulos frontales, y faculta para tener un mejor desempeño en las conversaciones personales y de grupo.

- La inteligencia intrapersonal, es la capacidad de conocer los propios pensamientos y sentimientos, valorar fortalezas y debilidades individuales, y da cuenta de la capacidad de autoanálisis y autoconocimiento, pudiendo distinguir los pensamientos, sentimientos y emociones propias, con un amplio sentido de la introspección. Las bases neuronales de dicha inteligencia se encuentran en los lóbulos frontales. Implica una gran habilidad de reflexión, lo que suele ir acompañado de un desarrolle de la inteligencia lingüística, a pesar de ello prefieren la intimidad a las relaciones sociales.

- La inteligencia naturalista, la cual permite comprender la naturaleza, a otras especies animales y plantas y el medio ambiente e implica ser capaz de conocer y disfrutar de la naturaleza y de todo lo que ello implica, pudiendo comprobar cambios en la misma observando cómo cambia, lo que estaría en la base de la supervivencia como especie. Se trata de una capacidad añadida posteriormente al modelo original.

- La inteligencia existencial, a pesar de haber sido señalada por Gardner, no se considera una inteligencia con las mismas características que las anteriores. Implicaría la capacidad de pensar en la filosofía existencial, en el sentido y la naturaleza humana, así como en las creencias espirituales.

Hay que tener en cuenta, que el desarrollo de una de ellas no garantiza el desarrollo del resto, y algunas orientaciones educativas prefieren seleccionar a una, o como mucho dos de estas inteligencias, como las más óptimas a desarrollar, centrando sus programas educativos casi exclusivamente en ello.

Según este autor, las personas tienden a desarrollar más de una de estas inteligencias, respondiendo a las demandas del ambiente, por tanto, potencialmente cada uno podría desarrollar todas estas inteligencias. Por lo que algunas personas van está especialmente dotadas para la creatividad, lo que implicará el mayor desarrollo de determinadas inteligencias, así una persona creativa dedicado al arte, tendrá una mayor inteligencia espacial; una dedicada a la narrativa una mayor inteligencia lingüística; una dedicada a la danza, una mayor inteligencia corporal-kinética,… siendo más fácil entrenar y formar a un individuo, a destacar en una de estas inteligencias cuando ya destaca en alguno de sus requerimientos, que hacerlo en varias a la vez.

Precisamente y basado en este modelo de aproximación de las inteligencias múltiples, se han realizado nuevas propuestas educativas para mejorar las habilidades matemáticas de los alumnos. Así se toma el concepto de inteligencia lógico-matemática de Gardner, el cual se expresa en el alumno por su facilidad de cálculo y resolución de problemas matemáticos, pero también a la hora de trabajar con figuras geométricas, así como solucionar problemas lógicos, proceso este último que conlleva la formulación de hipótesis, su comprobación, aceptación o rechazo, y en el caso de error, volver a formular una nueva hipótesis.

Esta ha sido la inteligencia tradicionalmente más evaluada junto con la inteligencia lingüística en las pruebas de inteligencia general, a la hora de determinar el coeficiente de inteligencia. Entre las capacidades de esta inteligencia destacan la de identificar modelos, calcular, formular y verificar hipótesis, empleando el método científico, tanto por razonamiento deductivo o inductivo, siendo los profesionales que más desarrollada tienen esta inteligencia, científicos, ingenieros, matemáticos, contables...

Varios son los recursos, actividades y materiales encaminados al desarrollo específico de esta inteligencia a edad escolar para posibilitar su desarrollo, tal y como ejercicios de resolución de problemas, cálculos mentales, juegos con números, entrevistas cuantitativas, rompecabezas... A pesar de que Gardner valora como igualmente importante cada una de las inteligencias múltiples, entiende que la educación debería primar aquella en la que destacase el menor, y no sólo la inteligencia matemática o lingüística que han sido las que tradicionalmente se han enseñado en clase, obviando la existencia del resto y por tanto no prestándole hasta ahora ninguna atención para su desarrollo. Así se suponía que el desarrollo de la inteligencia interpersonal o intrapersonal, por ejemplo, se hacía de forma "natural" sin necesidad de una "educación" al respecto, en cambio la inteligencia matemática necesitaba un entrenamiento específico y concreto en clase para poderse desarrollar. Garder afirma que sea cual sea la inteligencia que se quiera potenciar, esta se ha de realizar desde la educación para lo cual se han de incorporar medidas y estrategias pedagógicas que permitan ofrecer experiencia suficiente al menor para "darse cuenta" de su potencialidad y que de esta forma quiera buscar su máximo desarrollo.

TEORÍAS IMPLÍCITAS VS. EXPLÍCITAS DE TENDENCIA

Cuando uno toma una decisión, puede adoptarla basada en aspectos puramente económicos, o en alguna cualidad "diferenciadora" como su calidad, color,... pero en la mayoría de las decisiones intervienen factores "no conscientes".

A pesar de que podamos pensar que somos personas "libres" en nuestras decisiones, ya que somos nosotros quien elegimos qué comer, qué vestir o qué película ver, todos estos productos y servicios están mediados por las tendencias.

Tendencia entendida como la disponibilidad del mercado, siendo "tendencia" los restaurantes orientales, o las películas en 3D; o al contrario, cuando deja de ser tendencia "desaparece" del mercado los cines al aire libre, o las películas Beta.

Esta tendencias suelen estar "manejadas" a nivel macroeconómico y en algunos casos supranacionales, tal y como lo muestran las "medicinas huérfanas", donde las farmacéuticas valoran invertir en diseñar y distribuir un determinado medicamento en un país en función de sus "clientes potenciales"; si estos son unos "pocos" miles puede que no ofrezca su servicio en dicho país, dejando a los pacientes sin la cura, por aspecto económicos.

Tendencias que son promovidas por los grandes consorcios y también por las "pequeñas empresas" que tratan de ofertar sus productos y servicios, para lo cual lo primero que han de conseguir es que estos tengan una buena distribución, que "se vean" y que estén disponibles en la establecimiento próximo al domicilio de cada usuario potencial, todo ello acompañado de una estrategia de márketing para vender la "necesidad" de dicho producto o servicio.

Pero a parte de esta concepción de la tendencia, existen "tendencias" personales, algunas de ellas explícitas y otras implícitas, en las primeras estarían las que la persona es consciente y es capaz de expresar con palabras.

Estas tendencias pueden estar "determinadas" socialmente, así "la mayoría" de una determinada región o país tiene una opinión favorable sobre un aspecto y no sobre otro.

La explicación de esta tendencia "social" está precisamente en la socialización, es decir, la influencia social de los valores y formas de pensar compartidos por sus ciudadanos, los cuales ven la "misma televisión" escuchan la "misma radio" o van a ver las "mismas películas", todo ella va conformando una "tendencia social" de opinión y forma de pensar que va a verse reflejado en la toma de decisiones, así los franceses prefieren... mientras que a los ingleses les gusta más...

Con respecto a las tendencias implícitas esas son creencias y formas de pensar que dirigen las decisiones pero de las que la persona no se da cuenta, tal es el caso de las actitudes basadas en prejuicios como el racismo. Si se le pregunta a una persona si es racista, seguramente responderá que no, pero si se le pone en un proceso de selección como responsable de recursos humanos y se le presentan distintos candidatos, después de un número de elecciones realizadas se podrá observar cómo ante candidatos con similares características en experiencia, edad y conocimiento se suele elegir un "tipo" más de candidato que otro, dejando relegado y sin elegir, por ejemplo a los pelirrojos, los "gordos" o por cualquier otra característica de la que no es consciente la persona pero que igualmente rige su conducta.

Al ser tendencias "no conscientes" los test y cuestionarios donde la persona debe valorar "conscientemente" no son capaces de detectar estas tendencias por lo que se emplean instrumentos como el I.A.T. (Implicit Acttitude Test) donde mediante pruebas de elección se pide al participante que elija entre dos fotos, dos perfiles o dos países.

Elecciones que no son "buenas o malas", pero que cuando se realizan durante un determinado número de veces permiten establecer una tendencia implícita de favorecer a uno frente a otro.

Además de esta medida, también se suelen emplear medida de tiempo de reacción, por ejemplo en el tema del racismo, si se quiere saber si la persona tiene algo "en contra" de una raza, se le presentan pares de fotos de su propia raza, para que elija cuál le parece más atractivo, entre mezclada se le presentan fotos en donde uno de los elementos es de su propia raza y la otra de la raza a estudiar el racismo; e igualmente un tercer grupo de fotos solo de la raza que se quiere estudiar el racismo.

A pesar de que la persona trate de "controlar" la respuesta de elección, el tiempo en milisegundos que han empleado para elegir entre las fotos es diferente, los resultados de investigaciones a lo largo del mundo han constatado que la elección entre las fotos de la propia raza tarda menos cuando hay que elegir entre las dos razas, y se tarda menos que cuando hay que elegir entre las dos fotos de la otra raza.

Este tiempo "extra" que se necesita para procesar información "no agradable" frente a la agradable es la que está en la base de la justificación del "racismo" implícito.

Aunque este modelo presentado está simplificado, actualmente se emplea para determinar tendencias implícitas en función del género, la raza, la religión,…

A pesar de que pueda considerarse un método "forzado" a tener que elegir lo más rápidamente posible ante dos opciones, es el mismo sistema que usa el cerebro en la toma de decisiones, donde "activa" patrones previos de comportamiento, pero también las tendencias explícitas e implícitas a la hora de adoptar una decisión.

Una vez adoptada, lo cual puede suponer escasos segundas, se produce un fenómeno de "justificación" de la decisión, así cuando se pregunta a alguien porqué ha elegido comprar un vehículo en vez de otro, podrá hablar de sus cualidades en cuanto a calidad, precio, seguridad,… lo que la persona nunca "confesará" entre otras cosas, porque a lo mejor ni es consciente de ello, es que a la entrada había un gran cartel promocional del vehículo conducido por un famoso actor y una hermosa acompañante.

Aspectos que puede que en este caso hayan sido determinantes al ser esta persona "fan" de ese actor, o "pensar" que con digo vehículo "se liga más", todos aspectos que han sido estudiados y tenidos en cuenta desde los departamentos de márketing antes de sacar una campaña promocional al respecto.

Estas actitudes implícitas o "tendencias personales" son igualmente compartidas por la colectividad en la que se vive, así las tendencias implícitas relacionadas con el racismo se evidencia más en las localidades que hacen frontera con otros países frente a los ciudadanos "del interior".

Son muchas las "explicaciones" del racimos como forma pertenecer a una identidad "nacional" o local, frente a los "demás", valorando lo propio como lo "mejor" y lo de fuera como "competencia desleal".

Sea cual sea el origen de estas tendencias se ve reflejado en los macronúmeros, por ejemplo en las estadísticas nacionales, dónde se pueden observar evidentes diferentes de consumo entre regiones, ya sea de productos básico o de determinados servicios frente a sus "vecinos" que consumen en menor o mayor cantidad.

Desde las neurociencias se conoce que el conocimiento más temprano queda registrado más "profundamente" en el cerebro y que sobre este se construye el resto de conocimiento, por tanto, las actitudes y formas de pensar a los que están expuestos los pequeños van a ir conforman sus "tendencias" sobre las que construirán una personalidad con su forma de pensar, sentir y actuar específicas.

Es precisamente debido a esta "profundidad" en las huellas de memoria, por lo que es tan difícil adaptarse a determinadas personas, que a pesar de vivir 20 o 30 años en un país siguen manteniendo las costumbres, festividades y formas "de ser" de su país de origen.

Igualmente, y basado en esto, se explica cómo las comunidades donde existen valores familiares más "cerrados" son aquellas que tienen mayores dificultades de integrarse culturalmente en otros países.

Eso no quiere decir que el cerebro no cambie, ya que cuenta con mecanismos como la neuroplasticidad que le permiten adaptarse a las nuevas condiciones, pero va a ser más fácil cambiar "conocimientos y tendencias recientes" que "conocimientos y tendencias antiguas"; de ahí que se hable de "problemas generacionales" y de que la publicidad esté dividida por franjas de edad, sabiendo que lo que le puede "gustar o atraer" a una persona de cierta edad, no tiene nada que ver con lo que le puede "gustar o atraer" a un joven.

De ahí también la "necesidad" de los productores de "incluir" tendencias entre los más jóvenes, sabiendo que cuanto antes empiecen a consumir su producto o servicio, durante más años lo hará, ya que se convertirá en una tendencia difícil de modificar, tal y como sucede con el consumo de tabaco o alcohol, donde se ha observado que si su consumo se "inicia" con 20 años, este tendrá un "menor recorrido", que si se inicia con 16 años. De hecho, los últimos informes al respecto hablan de que la edad de inicio del consumo de alcohol ha disminuido hasta los 14 años, lo que aparte de crear una tendencia "para toda la vida" supone un peligro para la salud de dichos jóvenes, ya que el consumo abusivo de alcohol tiene graves consecuencias cuando es crónico, dañando el cerebro, y con ello la "maquinaria" para pensar, sentir y actuar; lesiones que si son graves, ni le neurogéneis ni la plasticidad neuronal van a poder "subsanar", provocando con ello secuelas para toda la vida.

A pesar de considerarse un problema de salud, para los "vendedores" supone una "gran noticia", ya que han conseguido "instaurar" una tendencia de consumo en una persona en desarrollo, que va a hacer que vea como "normal" emborracharse hasta llegar al coma etílico como forma de "diversión".

Con respecto a las bases neuronales de los hábitos automatizados, los ganglios basales participan de las actividades rutinarias, siendo "reacios" a cambiar y con ello dejar el "automatismo decisional" por el cual actuamos de la misma forma ante circunstancias similares, tomando las mismas decisiones una y otra vez.

MODA Y MODISMO NEURONAL

A nivel neuronal los estímulos familiares son tenidos como "más agradables" frente a los nuevos y desconocidos, lo que hace que sea más "fácil" tomas decisiones de compra o consumo de productos o servicios de una marca conocida frente a otra desconocida, a pesar de que ambos pueden ofrecer el mismo precio o calidad.

De hecho el cerebro, cuando recibe algún tipo de información lo primero que hace es compararlo con la que ya tiene, si la nueva aporta algo diferente, modifica la anterior; si no aporta "nada nuevo" simplemente la descarta, de ahí que los productos y servicios traten de ofertar "algo nuevo", ya que para adquirir el mismo producto o servicio la persona tenderá a repetir las elecciones anteriores, basado en su memoria.

La moda es el esfuerzo que realizan las marcas y empresas por ofrecer "algo nuevo", ya sea por el material, la forma, el color, o un avance tecnológico con respecto a la competencia, buscando que "eso nuevo" sea suficiente llamativo para ser adquirido.

Hay que tener en cuenta que a pesar de que al cerebro "le guste" lo novedoso, existen ciertas tendencias personales, determinadas por la personalidad que hace que haya personas más "exploratorias" y "abiertas a los cambios" mientras que otras son más "conservadoras"; por tanto la moda influiría en el primer grupo de personas en mayor medida.

Por tanto los aspectos relativos a la personalidad estaría mediando y modulando las respuestas neuronales sobre la "búsqueda" de novedad, y en definitiva en la toma de decisión sobre la adquisición de un producto o servicio.

Si bien, hasta ahora se ha planteado la moda como una ventaja, tal y como puede suceder con la "canción del verano", esta suele estar abogada a "pasar de moda" y que lo consumidores sigan una nueva moda, lo que va en contra de las "marcas tradicionales", ya que estas se basan más en la fidelidad de la marca.

La marca es aquello que usamos para identificar a una determinada persona, producto o empresa. Normalmente cuando pensamos en una compañía como Coca-Cola, McDonald o Ikea, lo solemos hacer con respecto a los productos que venden. Si nos fijamos en otras marcas como UPS, Iberia o Microsoft lo hacemos sobre los servicios que ofrecen.

Algo que va a influir decisivamente en la adquisición del producto o servicio en cuestión, ya no solo basado en nuestro propio criterio, si no en la influencia de la opinión de los demás y de los medios de comunicación a través de la publicidad. Mira el siguiente gráfico interactivo sobre la marca de elección para la adquisición del primer vehículo. Seguramente reconocerás en la misma a la marca de tu elección, ¿Crees que es casualidad?

Cuando pensamos en Stephen Hawking, Barack Obama o Rafael Nadal ya no lo hacemos ni en sus productos ni servicios, si no por su Personal Branding o marca personal que han desarrollado gracias a sus carreras científicas, políticas o deportivas respectivamente, pero no hay que ser un "gran hombre" para tener nuestra propio Personal Branding o marca personal, basta con "ser bueno" en un campo de especialidad, y que los demás, especialmente los potenciales "clientes" conozcan sobre ello.

Un buen desarrollo de una marca personal facilita que cuando alguien busque un abogado, ingeniero u otro tipo de especialista, se puedan acordar de uno, o que haya alguien, un compañero, amigo o conocido, que pueda hablar bien ven uno.

Pero si bien es cierto que llegar "a oídos "de alguien puede ser "complicado" lo es mucho más que el "cliente" vuelva a contactar o a referirnos a otros, a esto es a lo que se denomina fidelidad del cliente.

Un aspecto fundamental en la investigación de la psicología social, ya que en el mundo de la empresa no basta únicamente con vender un producto o servicio una vez a un cliente, si no que se busca que ese cliente, siempre que necesite el producto o servicio que vendemos nos lo adquiera a nosotros.

Tal es así, que existen estrategias como "prueba primero", que consiste en recibir un producto o servicio, durante un tiempo limitado para que el cliente queda convencido de sus beneficios para que luego lo pueda adquirir, de ahí las promociones de "Gratis durante 30 días" o "En 30 días si no queda satisfecho le devolvemos el dinero". Estas serían estrategias de marketing encaminadas a acercar el producto o servicio al cliente, pero ¿Cómo conseguir la fidelidad a tu marca personal?

Esto es precisamente lo que ha tratado de resolverse con una investigación realizada desde la Universidad Taylor (Malasia) (Poon, 2016). Para lo cual el autor del estudio ha seleccionado de la lista de las cincuenta marcas de productos de belleza más vendido, las dos primeras empresas, para comprobar los efectos de la marca.

Después de analizar los mensajes, panfletos y publicidad que sobre esas dos marcas se difunden por los medios de comunicación y por las redes, el autor encontró mediante la aplicación del análisis textual y el método interpretativo, que estas marcas se sustentaban sobre dos pilares para mantener la fidelidad de sus clientes.

El primero de ellos, es la capacidad de generar

emociones positivas, en este caso asociados a la belleza y la juventud. El segundo fue, el de la estética de la honestidad, es decir, parecer que el producto en realidad sirve para lo que indica, manteniendo los estándares de calidad publicitados.

Entre las limitaciones del estudio es el método empleado, en donde no existen variables controladas sobre los contenidos de los distintos mensajes ni investigación de opinión con participantes, como también se emplea en este ámbito,

Hay que tener en cuenta que las delimitaciones de los factores anteriores se realizan en un ambiente experimental, pero que en la vida cotidiana existen muchos otros factores que influyen como la diferenciación de la competencia, la innovación, la utilidad, …

Igualmente hay que comprender que los resultados son muy específicos de un sector de la producción el de belleza, pero cuyas conclusiones pueden ser extrapolables a otros ámbitos, incluso en el del Personal Branding.

Al igual que sucede en las redes profesionales como LinkedIn, cuando un profesional quiere crear su marca personal, lo primero que debe de hacer es ver cómo lo han hecho los profesionales de su sector, y a partir de ahí intentar diferenciarse para que los potenciales contactos o clientes le tengan en cuenta primero.

El autor del estudio reivindica la importancia de la "primera impresión" de las marcas, y su asociación con las emociones positivas, para constituir lo que actualmente se denomina "Lovemark", por el cual es marca rememora en la persona experiencias positivas que le harán volver a comprar o contratar sus servicios.

Al igual que con las marcas de las empresas, los profesionales, a través de su relación con los clientes y sus redes sociales profesionales como LinkedIn, deben desarrollar este concepto de Lovemark, lo que va a garantizar que un porcentaje de los clientes vuelvan a confiar en dicho profesional cuando así lo requieran.

Con respecto al segundo factor, es muy importante que el profesional de una imagen de honestidad, de saber lo que hace, y que lo hace adecuadamente. Un currículo inadecuado en LinkeIind, o unas "mentiras a medias" en dicho perfil, no solo va a restar posibilidades al profesional si no que puede ir en su contra, de forma que no sea contratado a pesar de su amplia experiencia, estudios o capacidad.

Es por eso, y basado en los resultados anteriores que para desarrollar una Lovemark como profesional hay que cuidar estos dos aspectos fundamentales la capacidad de emocionar y la honestidad, de forma que no solo aumente las posibilidades de ser requerido para algún servicio, si no que con ello se va a conseguir la fidelidad a tu marca personal.

A todo lo anterior hay que añadir la presencia de neuronas espejo y de cómo nos sentimos más "cómodos yendo a favor de corriente", es decir, vemos lo que los demás hacen y "creemos" que es eso lo que se espera de nosotros.

Nuestro cerebro aprende por imitación y observando las consecuencias en los demás, gracias a las neuronas espejo, aspecto que es muy útil para aprender a desarrollar habilidades pero que pueden ser "engañadas" mediante la publicidad, al mostrar en un actor una cara de felicidad al comprar un determinado producto o contratar un servicio, con lo que el cerebro "espera" sentir lo mismo cuando la persona adquiera dicho producto o contrate ese servicio.

Cuando esa felicidad no llega, el consciente se encarga de "justificar" dicha decisión, como la "mejor opción" a pesar de que en cualquier otra circunstancia no se hubiese tomado dicha decisión la cual ha sido "forzada" por la publicidad.

SESGOS BÁSICOS DE MATEMÁTICAS

Hablar de sesgo es hacerlo de un error atribuible a la persona, ya sea por sus limitaciones como por su "prejuicios" lo que hace que tenga una visión alejada de la realidad, lo cual le puede llevar a tomar decisiones económicas inadecuadas.

Existen muchos tipos de sesgos, algunos de ellos con base fisiológica y otros psicológicos. Los primeros, pueden ser atribuidos a las limitaciones propias del sistema cuando una persona se tiene que enfrentar a una ingente cantidad de datos, este suele "seleccionar" aquellos que le resulta más "interesante".

El criterio de selección de cada persona puede ser diferente, así si tenemos que recordar una lista de números o nombres, se puede producir el efecto primacía, por lo que es más fácil acordarse de la primera información presentada; o al contrario podemos vernos afectados por el efecto reciente, es decir, recordamos mejor aquello que ha sido presentado en último lugar y por lo tanto lo tenemos más reciente.

Se estima que la información se mantiene durante unos momentos en la memoria de trabajo antes de "desaparecer" o guardar, pasando de la memoria a corto plazo a largo plazo.

Pero cuando existe más información de la que se es capaz de trabajar, se puede llevar al colapso del sistema, de ahí que la atención tenga un papel destacado en el filtro de la información, y con ello sólo deje pasar aquello que es "relevante", aspecto que puede ser modificado a voluntad a través de la atención focalizada.

La capacidad de la memoria de trabajo, por tanto va a determinar cuánta información se va a poder manejar a la vez, buscando "atajos" para agrupar la información y con ello poder manejarlo mejor.

Es en estos "atajos" donde se pueden igualmente producir errores, al tratar de agrupar la información en función de su semejanza, perdiendo los "detalles", empleando además categoría establecidas que puede llevar agrupado "prejuicios" los cuales son opiniones previas que pueden "enturbiar" la visión de los datos actuales, tal y como sucede con el efecto halo, por el cual la "emotividad" despertado por un elemento se "contagia" al resto de dicha categoría.

Otros sesgos que van a influir en la vida económica de la persona debido a "errores de cálculo" son los siguientes:

- Ilusión de control, pensar que se pueden controlar variables fuera de nuestro control, como la evolución de la bolsa, el tipo de cambio de divisas,...

- Sesgo de apoyo a la elección, en cuanto realizamos una

elección dejamos de ver los inconvenientes u otras opciones mejores.

- Sesgo de disponibilidad, donde se valora como más probable que vuelvan a suceder acontecimientos que son próximos y recientes, tal como pensar que le puede volver a tocar a uno la lotería si le acaba de tocar.

- Heurístico de representatividad, por el cual se tiende a categorizar en estructuras prefijadas, aunque no encaje al 100%, el cual está relacionado con los prejuicios.

- Heurístico de anclaje y ajuste, donde se suele tomar como verdadero la primera información a la hora de tomar decisiones.

Todas estas y otras más pueden surgir ante cualquier decisión que debamos tomar sea del ámbito económico o no, el problema es que cuando se toman "malas decisiones" esto va a tener consecuencias, tanto en la "pérdida" de dinero como en la imposibilidad de adoptar nuevas decisiones si se ha gastado el capital disponible.

Estos sesgos son en muchos casos motivados desde la perspectiva del vendedor, con lo que "limitar" las opciones del comprador, evitando que tenga en cuenta los aspectos "negativos" de la compra, lo que suele unirlo a la presión del tiempo, el cual genera estrés, y un efecto túnel en cuanto a los recursos disponibles, reduciendo así su efectividad para detectar "incongruencias" o "errores" en la información proporcionada.

SESGOS COMPLEJOS DE MATEMÁTICAS

No todos los sesgos, y por tanto los errores en la toma de decisiones van a ser tan simples, así autores como Thaler han demostrado cómo a pesar de que las matemáticas se rigen por reglas lógicas establecidas, las personas suelen "saltárselas" actuando de forma "irracional", basándose para ello en las teorías de decisiones y de juegos.

Así ha demostrado cómo las creencias influyen en la forma en que se administra la economía, por ejemplo en países donde existe una alta "tradición" en las pensiones privadas, las personas no suelen ahorrar lo suficiente para llevar una vida cómoda; en comparación con países con tradición de pensiones públicas donde las persona ahorran mucho más.

Igualmente la creencia de que el dinero pierde valor con el tiempo, hace que los usuarios empiecen a ahorrar más tarde y menos cantidad, de lo que cabría esperarse en función de la Teoría del Ciclo de Vidal, con la cual se predice matemáticamente cuándo y cuánto se debe de empezar a ahorra para garantizarse una vida económica "adecuada".

Irracionalidades que se ponen en evidencia cuando se expone a la persona ante tareas de decisión económica, por ejemplo cuando debe de calcular si ganará más, una pequeña cantidad durante más tiempo o una grande en poco tiempo, algo que no tendría mayor dificultad, salvo cuando se le dice al participante que esa cantidad que va a ganar es real, entonces, se observa cómo no todos responden siguiendo las predicciones matemáticas.

Por tanto en situaciones de apuestas, donde se puede ganar o perder es cuanto más irracionalidad se presenta, incluso si se trata de un experimenta controlado en un laboratorio, situación empleada frecuentemente por Kahneman y otros autores.

Así aplicando el modelo de elección racional, se sabe de antemano la probabilidad de elección en función de unas variables dadas, donde se espera que la persona elija aquella que supone un ventaja independientemente de la complejidad de los cálculos implicados.

Elecciones que no siempre se corresponden con la actuación humana guiada por una suerte de "intuición" que luego es racionalizada y justificada, tal y como propone Herbert Simon con su modelo de racionalidad limitada.

"Intuiciones" que Kahneman y Tversky supieron identificar, las cuales se basaban en tres heurísticos, accesibilidad, la representatividad y el anclaje o ajuste; los cuales además señalaron la existencia del sesgo de la ley de los pequeños números o falacia de los jugadores, donde se maneja incorrectamente el concepto de azar, dado que se estima que este se cumple en la naturaleza de forma "acumulativa", así un jugador tira una moneda sabiendo que tiene la mitad de posibilidades de que aparezca cara, y "piensa" que si ha salido dos veces seguidas cara, existe una mayor probabilidad de que salga la siguiente cruz, cuando matemáticamente en cada tirada se tiene la misma probabilidad de que sea cara o cruz, independientemente de lo que haya salido en la tirada anterior. Es decir, la ley de los grandes números, basados en el azar, no se corresponde matemáticamente con la ley de los pequeños números, a pesar de la creencia de la persona.

Igualmente hay que tener en cuenta que determinadas personas tienen tendencias a asumir un mayor nivel de riesgo (búsqueda de riesgo) que otras (rechazo al riesgo), lo que se ve reflejado en sus elecciones, comportándose como más o menos conservador a la hora de realizar apuestas, así las personas con rechazo al riesgo tenderán a arriesgar menos cuanto mayor sea la cantidad a apostar a pesar de que se mantengan las mismas probabilidades de éxito.

Resultados que apoyan la idea de un valor subjetivo de ganancia que no siempre coincide con el valor probabilístico, lo que va a configurar la base de la teoría de la expectativa.

Pero si bien hasta ahora estamos hablando de la forma

en cómo se comporta la personas, no hay que perder de vista que ello está sustentado sobre una base neuronal, la cual si "falla" va a influir en el resto de las decisiones.

Hay que tener en cuenta que existen muchas consecuencias de la adicción a sustancia, tanto para la vida laboral, familiar y personal y ello puede dado por un error en el coste de adicción.

Estas consecuencias pueden llegar incluso a desembocar en la ruina laboral, familiar y personal del adicto, aunque hay que tener en cuenta que los efectos va a depender mucho del tipo de persona, su ámbito familiar e incluso del tipo de sustancia a la que es adicto, y el tiempo que lleve consumiéndolo.

Esto es, existen sustancias aditivas que incluso se consideran legales que producen escasas consecuencias en el momento, y sólo con el tiempo van a verse sus efectos, en cambio otras, pueden provocar un "mal viaje" y dañar el cerebro con consumirla una sola vez, en este caso no se podría hablar estrictamente de adicción, ya que ha sido únicamente en una ocasión.

Entre ambos extremos existen multitud de sustancias más o menos perniciosas, con consecuencias a corto o a largo tiempo, pero en la mayoría de los casos, va a ir asociado con cierto nivel de ruina personal, provocado por el rechazo de los demás, y el aislamiento que buscado la adicto, lo que explica en muchas ocasiones las separaciones y divorcios, así como la pérdida de trabajo con las consecuencias económicas negativas que acarrea, todo ello explicado hasta ahora por las propiedades químicas de las sustancias en el cerebro que generan adicción, pero puede que además esté involucrado algún proceso cognitivo que impida al adicto darse cuenta del efectivo daño que aquello le está provocando y del coste de las consecuencias de sus actos, ¿Existe una deficiencia en el cálculo del coste de adicción?

Esto es lo que trata de averiguar un grupo de investigadores de la Universidad de Stanford junto con la Escuela de Medicina Baylor, el Centro de Investigación sobre la Recuperación de la Adicción, el Laboratorio Humano de Neuroimagen y el Instituto Tecnológico de Investigación Carilion (EE.UU) (Wesley et al., 2014).

En el estudio participaron 25 adictos consumidores de cocaína, a comparar con otros 25 no consumidores que servirán de grupo control.

A todos ellos se les pasó por una serie de pruebas de elección mientras se registraba su actividad neuronal empleando la Resonancia Magnética Funcional.

Los participantes debían de elegir entre conseguir la recompensa a corto plazo o a largo plazo, comparando que el "premio" sea cocaína frente a dinero.

Los resultados conductuales muestran una evidente tendencia a la elección del dinero entre el grupo control, y sólo en los adictos cuando la recompensa es inmediata, si se aplaza el cobro de dinero la elección se decanta por la cocaína.

Con respecto a la actividad neuronal existe una sobreactivación significativa en el córtex prefrontal dorsolateral en los adictos frente al grupo control en el momento de la actividad de decisión frente a la cocaína.

Todo esto indicaría que el cerebro de la persona adicta se ha visto modificada por la conducta repetitiva, haciendo que valore más positivamente el consumo cuando la persona debe de retrasar la consecución de otras metas, luego la inmediatez y la baja tolerancia a la frustración podrían estar también sustentando este tipo de adicción, aunque quería todavía por determinar si existen características de personalidad implicadas que hagan más probable la adicción ante un tipo de persona frente a otro.

A pesar de los resultados con respecto a la conducta de elección y a la actividad neuronal de los adictos frente a los no adictos, grupo control, el estudio se ha hecho con un tipo de específico de adicción, a la cocaína, cuyos mecanismos a nivel cerebral son bien conocidos, sobre todo en lo que respecta a su influencia en las áreas de placer y recompensa, pero estos procesos son diferente al que utilizan otras sustancias, por lo que los resultados son limitados a esta sustancia, lo que se requiere de nueva investigación en adictos a otras sustancias.

Por tanto el cerebro puede tener una incidencia directa en las decisiones en función de la recompensa y la "necesidad" de su obtención, limitando así cualquier información en contra, produciendo un "sesgo fisiológico" que determinar las decisiones, y la forma futura de comportarse, y todo ello guiado por la adicción.

Aspecto que se asocia a la ruina "personal", social y hasta económica, ya que el conseguir y consumir la sustancia a la que se es adicto es el único pensamiento de esta persona.

Hay que tener en cuenta lo complejo del ser humano y cómo este puede ser "guiado" por sus propias tendencias, "defectos" y sesgos lo que hace que en ocasiones tiene un a forma de actuar y tomar decisiones azarosa y hasta caótica.

En la medida en que una persona se vea más afectada por uno u otro sesgo, será más probable "predecir" su comportamiento futuro, el ignorar estos sesgos y tendencia sólo va a proporcionar un caótico conjunto de registros de actuación sin un aparente "orden ni concierto".

Así, a los sesgos anteriormente comentados se ha de añadir el de sobreconfianza, por el cual una persona sobreestima el éxito de cada una de sus decisiones, estando convencido de que es la mejor elección posible. Sesgo que surge de la comparación entre el valor lo esperado y lo observado, cuanta más veces se observe esta discrepancia, mayor será la confianza en la elección. Si lo que se estima está por debajo de lo observado se produce el sesgo contrario es decir, subconfianza.

Al conjunto de conjeturas, teorías o "cálculos" mentales a la hora de la toma de decisiones que no se corresponden con las teorías probabilistas se denominan heurísticos, las cuales son "usadas" por las personas como "verdaderas" reglas matemáticas, haciéndolas creer que están obteniendo el resultado económico óptimo.

El problema es que estos heurísticos no son más que meras aproximaciones a las funciones matemáticas, pero sin llegar a ser tal, para lo cual se puede emplear la similitud, representatividad, atribución de casualidad, la familiaridad o la falacia de la conjunción, todo lo cual va a llevar a "errar" a la persona.

La familiaridad hace que sea más difícil adoptar decisiones cognitivas calculadas, ya que entran en juego factores emocionales que van a influir en la decisión final.

La falacia de la conjunción hace presuponer que si considera más probable dos elementos A y B en conjunto que un elemento sólo B.

Todos estos sesgos muestran la "imperfección" de las

decisiones, aunque en realidad la persona cree que es la "mejor decisión", de ahí la importancia de conocerlos.

Pero este tipo de sesgos no son los único que van a influir en nuestro comportamiento económico, el cuál está regido por multitud de variables internas y externas.

Cuando uno piensa en compras, uno lo suele hacer con respecto al precio de las cosas, pero ¿Hasta qué punto estamos dispuestos a gastar por comprar algo?

De esta y otras preguntas similares se encarga la Psicología del Consumidor, una rama de estudio para analizar el comportamiento de la persona ante una tarea de decisión económica más o menos compleja.

El prototipo de estas investigaciones son los juegos de azar, es decir, una situación en que se puede ganar o perder dinero en función de unas probabilidades que manipula el investigador.

Así se ha podido conocer que hay personas más conservadoras en sus juicios de valor mientras que otras asumen más el riesgo; igualmente se ha visto cómo estas variables personales se ven modificadas cuando se está sometido al consumo temporal o continuado de determinadas sustancias adictivas.

Con las base de este tipo de investigación se analizan otras variables que pueden estar implicados en asumir un mayor o menor coste económico, tal y como puede ser la obesidad, pero ¿Existen diferencias en cuanto a lo que estamos dispuestos a pagar por productos light en función de si se padece o no sobrepeso?

Esto es lo que ha tratado de averiguarse con una investigación realizada desde la Unidad de Economía Agroalimentaria, Centro de Investigación y Tecnología Agroalimentaria de Aragón, Instituto Agroalimentario de Aragón (IA2) (CITA-Universidad de Zaragoza) (España) junto con el Agricultural, Food, and Resource Economics, Michigan State University (EE.UU.) cuyos resultados acaban de ser publicados en la revista científica Nutrients (xxxxxx).

En el estudio participaron 309 adultos, los cuales fueron separados en cuatro grupos, según tuviesen o no sobrepeso (con índice de masa corporal mayor a 30 kilos entre la altura al cuadrado); según aceptasen o no su propia imagen en el espejo para lo que se empleó el cuestionario estandarizado Body Image State Scale (BISS).

Con lo que se formaron cuatro grupos, sin sobrepeso con aceptación de su imagen; sin sobrepeso sin aceptación de su imagen; con sobrepeso con aceptación de su imagen y con sobrepeso sin aceptación de su imagen.

El estudio consistía en que los participantes pasaban por delante de unas patatas normales o light y tenían que indicar hasta qué punto estaban dispuestas a pagar por adquirirlas entre cuatro precios preestablecidos.

Los resultados muestran que los obesos con una mala imagen de sí mismos son los que están dispuestos el a pagar el máximo precio por una bolsa de patata light.

Hay que tener en cuenta que a pesar de haber tratado de acercar la experimentación a una situación no deja de ser algo artificial, por lo que se requiere de replicaciones en ambientes naturales para comprobar la consistencia de los resultados.

Igualmente la población de análisis es muy concreta, por lo que se requiere de nuevo estudio al respecto para comprobar si se obtienen los mismos resultados en otras localidades.

A pesar de lo anterior, los resultados parecen claros en cuanto estamos dispuestos a pagar por algo no depende únicamente del precio, tal y como cabría entender por la ley de la oferta y la demanda, muy al contrario se han de tener en cuenta otras variables como las fisiológicas (obesidad) y psicológicas (imagen personal).

Este tipo de conocimiento ayuda a mejorar la publicidad para hacerla esta más efectiva, y que su mensaje consiga motivar al tipo de consumidor específico para el producto que se vende.

En este caso, las empresas que venden productos light tendrían que focalizar su venta en las personas con sobrepeso que tengan una baja imagen personal.

El Cerebro del Genio de las Matemáticas

Si bien el término de genio está reservado para unos cuantos, en la historia, debido a su rareza, no por ello han sido pocos los intentos por tratar de comprender qué les hace diferente del resto, los cuales han analizado factores genéticos o medioambientales, además del esfuerzo y la dedicación personal en el desarrollo de las capacidades, en este caso de las matemáticas. La idea de estos esfuerzos no va únicamente en la línea de aumentar el conocimiento existente sobre la comprensión de la naturaleza humana, si no en buscar la forma de reproducir dichos hallazgos en otras personas. Si se tratase de factores medioambientales, estos podrían ser "fácilmente" reproducibles y con ello se podrían crear "escuelas de genios", en cambio si la superdotación se debiese a factores genéticos, la intervención tendría que estar orientada en aspectos de pareja.

Todo ello con la idea de formar nuevos genios, sin esperar a que surjan, sabiendo de los muchos beneficios que una persona con estas capacidades desarrolladas puede ofrecer tanto en el avance de la ciencia como en el mundo empresarial. Quizás hoy en día se pueda pensar que el avance de la tecnología y la capacidad de cómputo de los superordenadores ha dejado obsoleto esta capacidad de cálculo mental, pero hay que recordar que el desarrollo de fórmulas, teoremas e hipótesis sigue siendo una materia exclusiva del ser humano, con capacidad deductiva e inductiva, pero también creativa para con las matemáticas.

Muchos han sido los intentos por explicar las diferencias de la inteligencia en función de aspectos ambientales o genéticos, una postura opuesta que se ha reflejado en modelos de "intervención" diferente buscando "mejorar la especie". Al menos así se han planteado históricamente el objetivo de mejorar las habilidades cognitivas a través de la intervención ambiental, tratando de ofrecer la mayor estimulación posible para que puedan desarrollarse las potencialidades de cada alumno. Pero si bien se ha avanzado mucho en cuanto a la eficacia de la intervención en la escuela, estas diferencias en cuanto al nivel de inteligencia y posibilidades de los alumnos no había sido explicado más allá de constatarlo, hasta que se han desarrollado las herramientas en el ámbito de las neurociencias, las cuales permiten poner en juicio las distintas hipótesis existentes sobre la inteligencia, pero sobre todo sobre las diferencias existentes en aquellas personas que además muestran altas capacidades a continuación se repasan las más importantes y la evidencia científica al respecto.

La primera aproximación a las neurociencias y la

inteligencia se hizo partiendo de la idea del tamaño de la cabeza, entendiendo que, a mayor volumen craneal, más capacidad se tendría. Una teoría de la que se ocupó también la psicología comparada, una rama dedicada a analizar las semejanzas y diferencias de los humanos con otras especies vivas. Así se entendía, que aquellas especies con un cráneo más grande deberían de estar más preparadas y adaptadas a sus ambientes, debido a una facilidad en los procesos atencionales, perceptivos o mnémicos entre otros. Algo que parecía constatarse en apariencia, debido a la evolución de los restos óseos de los ancestros de los humanos, los cuales señalaban claramente un aumento del tamaño del cráneo, desde el Australopithecus, al Homo Sapiens, en lo que se ha denominado encefalización.

Extrapolando esta visión al mundo animal, se ha llegado a considerar que las especies con un cráneo mayor que el humano, debería de tener mayores capacidades o habilidades que este, tal sería el caso de animales como el elefante, considerado el mamífero terrestre que posee el cerebro más grande. Algo que fue parcialmente descartado, ya que no se mantenía dicha afirmación basándose únicamente en los estudios anatómicos del cráneo, surgiendo de ello otra aproximación.

La segunda hipótesis de trabajo, iniciada durante los

años 80, entendía que las personas con mayor nivel de inteligencia y por ende con altas capacidades, se debían de diferenciar por tener un proceso cerebral más rápido, que el resto de las personas con un menor nivel de inteligencia. Las diferencias no se encontrarían tanto en el volumen o estructuras del cerebro, si no en sus componentes, es decir en las neuronas, y más concretamente en la velocidad de procesamiento de estas.

A una misma cavidad craneal, quien tenga un mayor desarrollo cerebral, será quien más capacidades y habilidades pueda desarrollar. Esto explicaría porque los humanos, tienen mayores habilidades desarrolladas que otros seres vivos con un cráneo de mayores proporciones. Y es que el cerebro humano a diferencia de otros está estructurado en pliegues, lo que permite tener una mayor cantidad de neuronas interconectadas entre sí, en el mismo espacio.

En el caso del genio matemático se produciría una optimización de dichos procesos neuronales, lo que le permitiría aventajar a sus semejantes, en la resolución de cálculo o en determinadas habilidades; por tanto, la ventaja que ofrece un mayor desarrollo neuronal y con mejores características, conllevaría una reducción en el procesamiento de la información y de las conexiones intraneuronales y con ello una mayor inteligencia. Ambas teorías han sido validadas parcialmente, gracias a las nuevas técnicas no invasivas, empleadas por las neurociencias, ya sea a través del registro de la actividad eléctrica cerebral (E.E.G.), mediante imágenes con tensor de difusión (D.T.I.) o mediante resonancia magnética funcional (F.M.R.I.) entre otras.

Con respecto a la primera hipótesis, se ha observado cómo la importancia no radica tanto en el tamaño del cráneo, ni del cerebro, si no en la densidad de la corteza cerebral, denominada también sustancia gris, es decir, a mayor número de neuronas cerebrales, mayor inteligencia, datos contrastados gracias al empleo de la técnica de morfometría basado en el vóxel (V.B.M.) tal y como se ha obtenido en diversas investigaciones ante tareas de rotación mental, donde se muestra una imagen rotada en distintos grados, para identificar si se parece a una de ejemplo, comprobándose cómo una mejor ejecución estaba relacionada significativamente con una mayor densidad de sustancia en el cerebelo, y en otras regiones corticales. Con respecto a la superdotación se han encontrado incrementos significativos en la sustancia gris en los lóbulos frontales, temporales, parietales y occipitales.

Sobre la segunda hipótesis, basada en la velocidad de procesamiento, hay que tener en cuenta que el pensamiento como función cognitiva, está sustentado sobre una base biológica, la cual consume recursos limitados del cerebro, luego cuanto mejor funcione dicha base, más recursos disponibles y mayor procesamiento se puede realizar en el mismo tiempo, o lo que es lo mismo, un cerebro que es capaz de aprovechar mejor sus recursos, será capaz de responder en menor tiempo a una demanda, liberando así recursos para nuevas necesidades.

Si ponemos a dos personas frente a un problema matemático, una persona de carrera de letras, y otro de carrera de números, se esperaría que el segundo dispusiese de una mayor red de conexiones neuronales que le facilitase el consumo de recursos a la hora de realizar cálculos matemáticos, y, por tanto, al final pudiese dar mucho antes la respuesta correcta, en la resolución del problema planteado, frente al otro que tiene vías y neuronas desarrolladas para las letras. Siguiendo este ejemplo en la superdotación, se esperaría que existiesen evidencias con respecto a un menor consumo de recursos a nivel neuronal, lo que supondría una ventaja cuantitativa en la ejecución de tareas.

Hipótesis que ha sido validada gracias a la evidencia desde las neurociencias, al hallar correlaciones negativas entre las medidas de habilidades evaluadas mediante psicometría, ya sea en resolución de tareas o test, y la activación cortical durante la realización de dichas pruebas; así entre los que tenían mayores destrezas lectoras, se ha observado una menor activación de la memoria de trabajo, frente a los que tenían menores destrezas lectoras.

A pesar de las especificidades a nivel neuronal, el tratamiento de los números y su cálculo se apoya en una red distribuida especialmente en el lóbulo parietal, al observarse cómo un daño en esta área afectaba a los pacientes impidiéndoles llevar a cabo con éxito hasta los cálculos aritméticos más simples que con anterioridad podían resolver sin ninguna dificultad. Por tanto, a pesar del esfuerzo del alumno, la base neuronal debe de estar intacta para que se produzcan los efectos esperables, en este caso el procesamiento matemático, ya que, si la red neuronal implicada "falla" o está dañada, no podrá llevarse a cabo esta.

En el caso contrario, se encontrarían aquellas personas que contasen con un sistema neuronal especialmente dotado para las matemáticas, tal y como se ha comprobado en la superdotación donde se ha observado cómo estas tienen una mayor facilidad para las matemáticas, con áreas específicas más desarrolladas que el resto, en concreto la corteza cingulada anterior derecha, el lóbulo parietal izquierdo y el área premotora izquierda, encontrándose además un incremento en la conectividad de las regiones frontales y los ganglios basales y regiones parietales, es decir, estas personas tienen especialmente "diseñados" sus cerebros para incrementar la eficacia y efectividad del procesamiento matemático, lo que les permite poder ofrecer una respuesta más rápida y acertada frente al resto.

Esta "especial" capacidad para las matemáticas junto con un desarrollo lingüístico excepcional ha sido observado en gran cantidad de superdotados, lo que podría sugerir que dichas capacidades van en paralelo, o al menos el desarrollo de una ayuda al desarrollo de la otra; en cambio, si nos centramos en las personas con altas capacidades, es decir, aquellas personas con un nivel de inteligencia superior a la media, pero que no llegan a la superdotación, se puede observar cómo dentro de este colectivo hay individuos especialmente dotadas para determinadas áreas y no para otras, así hablando de "talentos", hay personas talentosas para la música, pero que no destaca en el resto; y lo mismo sucede con el lenguaje o las matemáticas.

Dándose el caso de que personas con un nivel de desarrollo del lenguaje normal pueden estar especialmente dotadas para las matemáticas y al revés, individuos especialmente dotadas para el lenguaje que tenga un desarrollo matemático normal, por lo que se puede afirmar que el desarrollo del lenguaje parece favorecer el desarrollo matemático, pero que no es estrictamente necesario. Lo que sí parece darse entre las personas especialmente dotadas para las matemáticas es contar con un "cerebro matemático" desarrollado, es decir, un sustrato neuronal que va a facilitar el análisis de los estímulos, su procesamiento y manipulación mediante fórmulas, para la obtención de un resultado acertado, todo lo cual puede ser mejorado gracias al proceso de metacognición.

En el caso de la superdotación, el aprendizaje de estas estrategias va a ser más rápida y van a poder sacarle mayor provecho, ya que el propio proceso de control metacognitivo va a permitir ir haciendo modificaciones y mejoras para buscar la optimización de recursos en la consecución de una solución válida en la resolución de problemas.

Hay que tener en cuenta que poseer una "extraordinaria" capacidad de cálculo matemático no siempre ha estado asociado a un mayor nivel de inteligencia, tal y como lo evidencian algunos casos de autismo, donde personas con evidentes problemas de desarrollo son capaces de "sorprender" por su velocidad y precisión en el manejo de las matemáticas, así como en cuanto a memorizar fechas o listas de números con unos resultados muy superiores a los que tienen una inteligencia "normal". Igualmente se ha constatado cómo algunas personas con sinestesia pueden mostrar mayores niveles de cálculo sin que se corresponda con una mayor inteligencia.

La sinestesia, a pesar de la discusión sobre tu "realidad" que todavía suscita entre algunos profesionales, supone una alteración en la percepción de los estímulos, pudiendo ver las palabras escritas como si fuesen distintos colores, o sensaciones táctiles que generen olores, aunque las bases de este fenómeno no están claras, se supone que se produce por un "defecto" en el desarrollo de la conformación del cerebro desde sus primeras etapas, lo que conlleva un "cableado equivocado" que interconecta de forma "azarosa" regiones que "normalmente" no están conectadas, lo que se puede expresar en una gran capacidad para recordar números muy por encima de las personas con inteligencia "normal", y en cambio otros procedimientos como los deductivos o de análisis pueden verse mermados por esa falta de desarrollo cortical adecuado

Hay que tener en cuenta que la capacidad de "recordar números", como cualquier otra habilidad depende de dos factores principalmente, el "ejercicio" es decir, el uso continuado que gracias a la neuroplasticidad hace que el sistema sea cada vez más eficiente en sus conexiones neuronales; y el segundo son las estrategias empleadas, así se han desarrollado multitud de técnicas de nemotecnia orientadas a "sustituir" unos elementos por "otros" que ayuden a recordar. La más sencilla de estas técnicas es la de contar un "cuento" entre los elementos de la lista a recordar, donde cada número o agrupación de números (2 o 3 números) van a cambiando por una imagen o un concepto, el cual va consecutivamente sustituyendo a los elementos de la lista.

De esta forma, la persona ya no tiene que recordar elementos sin sentido, como pueden ser 20 números seguidos, si no que tiene 20 imágenes o referencias abstractas que recordar, algo que puede ser más o menos difícil de hacer si se consideran como elementos inconexos, donde es fácil perder el orden y olvidar algún elemento, pero cuando se construye un "cuento" que vaya uniendo cada uno de los elementos en el mismo orden que aparecen, la persona ya no debe de recordar datos sueltos si no el hilo narrativo, aspecto que todos somos capaces de hacer con más o menos detalle, cuando salimos del cine y nos pide que contemos la película que acabamos de ver.

Sólo que la persona entrenada, en vez de contar el "cuento" que ha recordado, a la hora de indicar la sucesión de elementos, va decodificando las representaciones o elementos abstractos en números, devolviendo la cifra exacta a pesar de tener 20 o 50 dígitos la lista. Por tanto, tener una extraordinaria memoria asociada a los números, no requiere de una mayor inteligencia, si no de la aplicación de estrategias específicas y mucho entrenamiento.

REFERENCIAS

Castelló, A., & de Batlle Estapé, C. (1998). Aspectos teóricos e instrumentales en la identificación del alumno superdotado y talentoso: propuesta de un protocolo. *Faisca: Revista de Altas Capacidades*, (6), 26–66.

Gardner, H. (2011). *Frames of mind: The theory of multiple intelligences*. Hachette Uk.

Poon, S. T. F. (2016). Identifying and Comparing Mystery and Honesty as Emotional Branding Values in Brand Personality Design. *International Journal Of Recent Scientific Research*, 7(3), 9241–9248.

Wesley, M. J., Lohrenz, T., Koffarnus, M. N., McClure, S. M., De La Garza, R., Salas, R., ... Montague, P. R. (2014). Choosing Money over Drugs: The Neural Underpinnings of Difficult Choice in Chronic Cocaine Users. *Journal of Addiction, 2014*, 1–14. https://doi.org/10.1155/2014/189853

www.ingramcontent.com/pod-product-compliance
Lightning Source LLC
LaVergne TN
LVHW010320200726
843507LV00010B/1297